（德）蓝冰可（Binke Lenhardt）董灏　孟娇　编著

七彩时光

幼儿园建筑与空间设计

机械工业出版社
CHINA MACHINE PRESS

幼儿园是孩子们的第二个家，在那里他们可以组建起自己的小社会关系。幼儿园空间环境，关系到孩子们的教育及兴趣的培养，并且能够影响孩子们未来的成长及性格的养成。因此，幼儿园设计要从孩子们的兴趣及需求出发，为孩子们创造优质的成长环境。本书在理论部分阐述了不同成长阶段的幼儿生理和心理特征，幼儿生活及学习的环境对其成长上产生的影响，幼儿园选址及设计要素等内容。案例部分则从幼儿园的建筑、室外活动区域以及室内空间出发，以生动的实景图片配合详细的设计图纸和设计过程，让读者直观感受到当代幼儿园设计的全新面貌。

北京市版权局著作权合同登记 图字：01-2020-6357

图书在版编目（CIP）数据

七彩时光 ：幼儿园建筑与空间设计 /（德）蓝冰可(Binke Lenhardt)，董灏，孟娇编著．—— 北京 ：机械工业出版社，2021.1

ISBN 978-7-111-67295-1

Ⅰ．①七… Ⅱ．①蓝… ②董… ③孟… Ⅲ．①幼儿园一建筑设计 Ⅳ．①TU244.1

中国版本图书馆CIP数据核字(2021)第010043号

机械工业出版社（北京市百万庄大街22号 邮政编码100037）
策划编辑：赵 荣 责任编辑：赵 荣 范秋涛
责任校对：刘时光 封面设计：鞠 杨
责任印制：孙 炜
北京联兴盛业印刷股份有限公司印刷
2021年2月第1版第1次印刷
184mm×260mm・14.5印张・2插页・377千字
标准书号：ISBN 978-7-111-67295-1
定价：99.00元

电话服务
客服电话：010-88361066
010-88379833
010-68326294

网络服务
机 工 官 网：www.cmpbook.com
机 工 官 博：weibo.com/cmp1952
金 书 网：www.golden-book.com
机工教育服务网：www.cmpedu.com

前言 Foreword

中国《国家中长期教育改革和发展规划纲要（2010—2020年）》明确规定，提高国家财政性教育经费支出占国内生产总值比例，2012年达到4%。这说明中国为教育事业发展，在财政支出上提供更好的条件。

更好的国家支持，带来的并不完全是理想的效果。我们认为建筑师是一份职业，是一种人生选择。但是，我们都是人，面对所有问题，所有出发点其实都是一样的。我们首先，考虑的永远是逻辑，然后才是各级学科的综合判断，剩下的才是解决问题的方式方法。一个人的格局，决定了一件事的最终走向和结果。老子在《道德经》中对空间做了一下定义："埏埴以为器，当其无，有器之用。凿户牖以为室，当其无，有室之用。是故有之以为利，无之以为用"。其实这不单是指建筑与空间，其中也包含了人生哲学的思考，如果人生是一栋建筑，面对的不是窗与空间，我们要如何构造"建筑"人生呢？

我们塑造空间，而空间也塑造我们。这是我们在做建筑设计之初，反复强调的。

在美国念书时，我们读过约翰·杜威（John Dewey）的书，他反对传统的灌输式和机械性训练的教育方式，主张在实践中学习，并提出"教育即生活，学校即社会"（Education is not preparation for life, education is life itself）的口号。另一方面，当我们有了自己的小孩以后，对于儿童心理与成长需求也有了最直观的感受与经验。为人父母后，更得以有机会观察儿童。①认识到差异性，尤其是与自己如此亲近，仍然是有他自己的个性、节奏和能力。②更好地认识到儿童作为独立个体，有其独立性。他是他而不是我的"他"。③认识了儿童的多样性。而作为父母，回想我自己的关键节点都是因为我的父母尊重了我！做幼儿建筑设计时，更应该强调“尊重”。我们很多时候，发觉其实孩童的世界才是真正的世界，作为建筑师，我们不是去“降维”模拟他们的所思所想，臆造成人化的“迪士尼”式幼儿园。我们一定要在空间中“尊重”儿童，从其自身的视角出发，尊重其差异性、多样性和独立性，这样才是建筑设计的出发点！

基于研究，当代人一生中有 86.9% 的时间是在室内度过；剩下 10% 左右的时间即便在户外，更多时候也是在经过建筑者改造的空间里活动。因此，人造环境，今天已在你我生活中占了绝对主导，潜移默化地影响着社群行为。其中，就空间对个人影响力而言，教育场所或许是最为突出的。这一理念，作为私立国际学校，在教育界已然存在很久，只是近十年，才慢慢进入中国大众视野。尤其随着近年来教育领域发生的变革，面对未来的不确定性，越来越多教育者强调终身学习的能力，教育理念从以教师为中心，转向鼓励学生自己探索、求知。他们也希望通过空间设计，激发孩子的积极性，于是今天的教育空间也越来越颠覆“标准”。

2015 年索易儿童成长中心建成，2016 年北大附中本校建成，2017 年朝阳未来学校建成，2018 年深圳湾望海学校、北沙幼儿园、硕集幼儿园、一土学校建成，2020 年深圳锦龙学校建成。这是 Crossboundaries 建筑师事务所在近年来完成的教育类项目。这些项目可以代表我们心目中的理想教育环境。每一件建设作品都是建筑者观点的表达，反映了建筑师的世界观、价值观。我们在过去的六七年间做了大量面对创新教育的项目，这些项目都代表我们对于未来教育或者说现在正在发生的教育改革的思考，也代表我们对未来教育的一种探索。

因为做每一个项目，除了完成我们日常所说任务书要求之外，我们认为很重要的其实是我们作为职业建筑师去做一些探索。当下这些建成项目都是非常令人满意的。而且我们相信未来学校的标准是与时俱进、不停运动变化的。从这些项目中可以看到所有项目亮点基本上都是灵活多变的空间，它具有当下学校的可识别性，就现在而言，它是符合对未来教育的一个畅想，同时我们也给未来教育环境畅想留下可能性。

在众多学校设计中，北沙幼儿园和硕集幼儿园看起来很特别，且两者的空间形态，包括材料的使用上也有很强的延续性。设计这两所乡村中的幼儿园，我们面临迥异于城市建筑的挑战。

北沙幼儿园和硕集幼儿园没有任何一道围墙，无论是心理还是物理。在中国经济高速发展的这些年，城镇化发展迅速，在广袤的农村地区，出现了空心化的社区、常年异地的家庭、无奈的陪读母亲和不安的留守儿童，还有不满足于现状的幼儿园老师。在我们第一次到访项目的时候，这些现实给我们带来了很大触动，于是我们逐渐理解，这里需要的不仅仅是一座幼儿园建筑，更是一种理念、一张蓝图，以唤醒整个社群对儿童的珍视——即便在一种不甚理想的社会和家庭格局下，也可以创造从前那种“老安少怀”的乡村图景里的教育氛围。面对开阔的乡村环境，北沙幼儿园采取了拆分式的“组团式建筑”，若干“小屋式”结构分解了幼儿园所需的总建筑体量，多功能的户外活动场地又将它们集结在一起。在我们的强烈建议下，整座幼儿园完全没有围墙阻隔。自 2018 年建成以来，这座幼儿园不仅是孩子们的乐土，亦成为村中居民喜欢的社交场所。父母或祖父母们聚集在此，在接送孩子之余，有了更多融洽的交流，在这里，江苏省教育厅选取苏北乡村公立幼儿园为教育创新实验，在这实现了我们理想的教育建筑。

所以我们一直相信“我们塑造空间，而空间也塑造我们”。人对建筑和空间的需求不仅仅是遮风挡雨，或为各种活动提供场所；人身在每处空间之内都会发生心理活动、情感投射和人际往来。归根结底，空间形态往往是社群组织关系的物理体现。

因此，我们致力于为终极使用者服务，营造充满活力、生气的生活空间。同时，我们也相信世界是大家共同生活的场所，因此我们追求的是群体的共同利益，而不仅是建筑师或个人的观点表达。

不光是在幼儿教育项目中，未来建筑学的焦点关乎科技进步，特别是材料的技术性革命，建筑新材料和新技术为建筑师提供了更多可能性。大家有机会可以去读一下 Kenneth Frampton 写的《现代建筑：一部批判的历史》（“Modern Architecture: A Critical History”），里面写到“18 世纪时铁是人类第一次使用非天然材料作为建材”，之前我们用的木材、石材都是从自然中直接采集的材料，而铁是我们提炼出来的。今天，新的技术，如 5G，新的能源方式太阳能的出现，BAT 的出现，重新定义了世界原有的规则秩序，这可能是跨时代的革命。也会有新的建筑材料，比如自发电砖墙的出现，这种革命性的改变，对于未来的生活方式、建造方式、建筑设计是具有颠覆性的。

我们总结了未来学校的六个要点：

第一，要提供满足学生个人活动的空间。

第二，要有适应多种形式的集体教学的空间。

第三，教室内外的空间应该是流动的，以鼓励学生之间的交流。

第四，要强调建筑室内外，人工与自然的交流。

第五，要求校园空间内材料和色彩设计符合不同年龄段的需求。

最后一点是智能化、云教学等新的教学模式。

从总体上看，学前教育仍是教育体系中最薄弱的环节，突出表现在普惠性资源供给不足，公办幼儿园在园幼儿占比不高；小区配套幼儿园建设管理不规范；幼儿园办园行为不规范等问题普遍存在。对于未来教育改革，面临的挑战与新任务，我们有着乐观而理性的认知：建筑是构建人类社交活动的基本关系，建筑师更是构造人与自然的共生关系。我们致力于让每个人成为更好的自己！

蓝冰可 （Binke Lenhardt）

建筑师
Crossboundaries 联合创始人 / 合伙人
德国注册建筑师
BDA（德国建筑师协会）会员
Pratt Institute 建筑学硕士
清华大学、北京大学及中央美术学院特聘导师

毕业于多特蒙德应用技术大学建筑专业，纽约普瑞特艺术学院建筑学硕士，在欧洲完成学业到美国工作 5 年后，于 2002 年移居北京，曾任职于北京市建筑设计研究院（BIAD）方案顾问。2005 年，蓝冰可作为合作人成立 Crossboundaries，在北京、法兰克福均设有办公室。

2016 年，蓝冰可成为德国注册建筑师并被任命为 BDA（德国建筑师协会）会员。她曾在中央美术学院（CAFA）及清华大学执教建筑设计课程。蓝冰可经常受邀进行专业讲演、担任世界级建筑设计奖项评委工作，也受邀成为西交利物浦大学建筑系顾问委员会成员。

董灏

建筑师
Crossboundaries 联合创始人 / 合伙人
北京建筑大学建筑学学士
Pratt Institute 建筑学硕士
清华大学、北京大学及中央美术学院特聘导师

本科毕业于北京建筑大学，于纽约普瑞特艺术学院（Pratt Institute）获得建筑学硕士。在美国攻读硕士并工作，5 年后于 2002 年回到北京，曾任职于北京市建筑设计研究院（BIAD）国际工作室负责人。2005 年，作为合伙人建立 Crossboundaries。

Crossboundaries 代表项目包括北大附中本校及朝阳未来学校，爱慕时尚工厂，北京正通宝马博物馆，索易儿童成长中心，江苏北沙 / 硕集幼儿园，家盒子北京、上海项目先后获得 2019 年德国设计大奖、2018 年 Architizer A+ 大奖、2018 年 Architecture MasterPrize 大奖，2019 年度 Architectural MasterPrize 奖——教育类——特别提名，并于 2015 年、2017 年及 2019 年连续获评《安邸 AD》“AD100 年度设计师”等。

工作室也参与理论研究，曾参展第十五届威尼斯双年展“穿越中国——中国理想家”及 2018 年 BEIJING HOUSE VISION 大展。董灏不仅担任世界级建筑设计奖项 Architizer A+ 奖以及 AMP ARCHITECTURE MASTERPRIZE 的评委工作，还为《金融时报》中文网撰写教育专栏文章，且执教于清华大学、北京大学和中央美术学院，并在北大附中、世界联合学院（UWC）中国分校、探月学院、启行营地教育 (IDEAS) 等机构为中小学生教授创意课程。

Contents
目录

设计原理 Design principle

1. 不同成长阶段的幼儿生理和心理特征

1.1 1~3 岁

生理学及心理学根据人体的年龄和主要发展任务，将人的一生分为不同的阶段。1~3 岁的孩子属于先学前期，这个阶段的幼儿处于潜意识吸收阶段，他们会以惊人的速度开始学习说话、走路，并将看到、听到、触及的一切事物逐一吸收，这些会成为他们日后学习各种行为的基础。在此之上，他们也会慢慢形成自己的思维模式。

年龄处于 1~3 岁的儿童与 1 岁之前相比，身体发育速度明显加快，身高几乎是出生时期的一倍，体重可达到出生时期的 4 倍。虽然此阶段的儿童骨骼还没有完全硬化，但是与婴儿时期相比，耐劳力已经明显提升，并且乐于进行简单的肢体活动。如学会独立地行走、跳跃、攀爬甚至初步学会使用一些工具进行游戏活动。这个成长阶段的儿童使用双手的动作也越来越复杂，他们会从最初只是独立地握住奶瓶、简单触摸物品，发展到独立搬运小型玩具及物品，甚至在吃饭穿衣这些事情上也会动手参与进去，而不单单只是被动接受大人的照顾。

在语言方面，经历了婴儿时期的语言准备阶段，1~2 岁的儿童逐步进入到语言发生阶段，词汇量也随之增加。他们所掌握词汇以名词和动词为主，并逐步可以将物品或想表达的动作与词汇联系起来，如孩子可以从一堆玩具中辨别出小汽车、洋娃娃、拼图等，而不会再将其混淆。这时的孩子已经可以用简单的词汇及少量复合词来表达主观所想。但是由于舌尖音与舌根音发音尚不准确，因此会经常出现将“包子”说成“包至”，将“是的”说成“细的”等现象。2~3 岁的儿童属于基本掌握口语阶段，语音、词汇及口语表达能力有所提高。词汇掌握量可高达 800~1000 个词，并且可以以较为完整的句子与人交流，并辅以手势、表情，以及肢体动作来表达自己想要表述的内容。

在思维方面，儿童的思维萌发逐步被激活，整个心理活动发生巨大变化。由单纯的“认识和接受”变为“理解与辨别”，并思考人与物、人与人之间的关系，随之逐渐理解自己与外部世界之间的关系。在孩子思维萌芽产生后，他们会有更强的表达欲望，行为也越加独立。

1.2 4~6 岁

据研究发现，4~6 岁的学龄前儿童，与 3 岁之前的儿童相比，身体发育速度趋于缓慢，每年身高增长 4~7cm，体重约增长 3kg。与此同时，他们的身体比例逐步向成人方向靠近，因此身体协调性也有了很大提高。处于此年龄阶段的儿童，随着肌肉控制力的不断增强，运动量也逐渐加大。但是由于骨骼坚硬度仍然较低，容易出现骨骼变形等问题。这个时期的孩子精力充沛，好动，主要活动以游戏及简单的课程学习为主。由于此年龄段的儿童尚且不能融入与成年人一样的社会活动中去，游戏便成了他们促进自我认知发展的重要工具。通过游戏可以增加孩子的动手及动脑能力，促使他们在游戏中锻炼解决问题的能力。并且通过在游戏中扮演不同的角色，来增加对人和事物的认知，如扮演医生、老师、爸爸妈妈等角色，可以让孩子更加了解这部分人在生活中的真实体现。扮演动物，也可以让孩子更加了解各种动物的生活习性，发音方式等。由于儿童的身体发育尚不成熟，对外界细菌病毒的抵抗力相对较弱，因此还需在各种传染病的高发时期做好防护工作。

4~6 岁的儿童随着词汇量的不断增加，最高可掌握 3000 个左右词语。与此同时，他们开始初步掌握语法结构，语言表达能力也在进一步加强。此时的儿童已经可以与成人进行自由交谈，可以听懂内容较为复杂的儿童故事，并且进行简单的看图说话。此阶段儿童接触最多的环境为家庭环境与幼儿园环境，因此无论是家长还是老师，都应该正确引导孩子使用规范的语言，不能因为单纯的好玩，而一直与孩子讲“小儿语”。如以“旺旺”来指代小狗，应该引导孩子进行正确的词汇扩充，为将来规范使用语言打下基础。

4~6 岁学龄前儿童已经初步具备自我认知，以“自我中心”的特性明显。许多孩子只知道“我要”“我有”，而不能脱离自己的立场，站在客观的立场上看问题。与此同时，他们可以在一定程度上调节自己的行为，但是情绪控制力依旧较差。这个时期的儿童的个性已初具雏形，有的活泼好动，有的文静腼腆，有的表现欲强烈，有的胆小害羞。一直受到周围人肯定、积极评价的儿童会比较自信，而经常受到否定、消极评价的儿童则容易产生自卑感、孤独感。因此需要幼儿园和家庭合力为孩子们创造温馨的成长环境，开展丰富多彩的游戏活动，培养其认知能力的发展，并且养成各种好的习惯，同时也要正确看待孩子的过失，纠正不良行为，不能以孩子年纪尚小为理由对孩子的不良行为予以放任。

2. 幼儿生活及学习的环境对其成长产生的影响

在生活中，我们无时无刻不在受到环境的影响。这些环境包括家庭环境、学校环境以及社会环境。对学龄前儿童而言，更多时间是待在家里及幼儿园，因此这两方面的环境对他们的影响尤为重要。由于这一阶段的儿童正处于道德观念及人格形成的萌芽时期，是培养其良好品格及道德观念的黄金时期，因此需要家庭和学校（幼儿园）共同努力，尽量为孩子创造最优的成长及学习环境。与此同时，社会环境对孩子的成长也有其不可忽视的影响，好的社会大环境可以促使孩子更为健康快乐地成长。

2.1 家庭环境对幼儿的影响

在一天的时间中，孩子会有很长时间是待在家中的，因此家庭成员的言行举止、家中的环境布局，甚至房屋的装修风格都会对孩子造成潜移默化的影响。和谐亲密的家庭氛围，以身作则的家长，会在无形之中影响孩子的性格及待人处事之道，这种环境下成长起来的孩子对人有爱，是非感及责任感更强。反之，争吵暴力的家庭环境以及作风不良的家长，则会将孩子引向另一个极端。与此同时，家中的布局风格也会对孩子的成长带来不同的影响，如家里布置得干净整齐，有舒适的阅读空间以及游玩空间，孩子可以从小动手进行游戏活动，从小开始养成爱阅读的习惯，这些好的习惯会引领其未来的思维及各种行为的发展。反之，有些父母本身受到的教育有限，不注重孩子的教育问题，平时大部分时间用来刷手机而不是阅读，孩子也会随之过早沉迷于网络之中，不但影响身体发育，也会影响好的生活及学习习惯的养成。

2.2 幼儿园环境对幼儿的影响

2.2.1 老师及其他幼儿群体对幼儿个体心理的影响

当孩子进入幼儿园的初期，面对陌生的环境及人，难免会有各种不适应，部分小朋友会表现出焦虑、腼腆、孤僻等负面情绪，此时便需要老师对其情绪做出正确的引导。当小朋友刚进入幼儿园时，老师在其心中都是非常“神圣”的形象，很听老师的话，并期待老师的表扬。因此老师要注意自己的言行举止，很多时候她们不经意间的一句话就可能会影响到孩子的一生。尤其是与孩子交流的时候，要注意把握说话的分寸，既要对孩子的行为形成一定的约束，又要保证不伤害到他们小小的心灵。同时，当孩子融入集体之中时，难免会出现摩擦或者矛盾，这时也需要老师进行合理的教育与调节，敦促孩子更好地处理矛盾，并形成正确的价值观及交际方式。

2.2.2 幼儿园物质环境对幼儿成长的影响

幼儿的学习通常是在游戏和日常活动中来进行的，因此创建丰富的物质环境，有助于让孩子在实际操作和亲身体验中得到成长。环境的最终目的是要服务于孩子，让孩子成为环境的主人，成为活动的主体，并在活动中受益。

首先，幼儿园应该充分利用户外设施，通过户外活动空间满足孩子的求知欲及探索能力。幼儿园可在户外操场设置秋千、转椅、滑梯等游戏设施，让幼儿适应这些玩具带来的身体触动，如轻微的摆动、颠簸、旋转等，促进其平衡机能的发展，并且通过适当运动增强身体素质。同时，还应结合活动内容对幼儿进行安全教育，注重在活动中培养幼儿的自我保护能力。无论是城市还是乡村，幼儿园应尽最大可能为儿童提供接近户外大自然的机会和安全环境。

其次，创建安全的室内环境，并引导孩子学习如何解决常见的突发安全事故。室内装饰材料以及各种玩具的选择，要确保使用符合环保安全的材料。同时对于孩子经常接触的桌椅等设施，要对锐角做出处理，以减少冲撞中对孩子造成的伤害。幼儿园内部的装饰要尽量摆脱“土味审美”，这样有助于提升孩子对美的理解，提升审美标准。幼儿园内部的导视系统也应简洁明了，规范引导孩子在指定区域进行活动，同时帮助幼儿认识常见的安全标识，如小心触电、小心有毒、禁止下河游泳、紧急出口等。可利用图书、音像等资料对幼儿进行逃生或求救方面的教育，并且通过模拟演习增加孩子处理突发事故的应急能力。

© 光墨书院 / CROX 阔合 / 李国民

© 天津和美婴童国际幼儿园 / 迪卡幼儿园设计中心 / 侯博文

丰富多彩的室外活动空间

再次，充分利用室内活动空间，增加孩子动手操作的能力。如促进幼儿手的操作灵活协调性，为其提供画笔、剪刀、纸张、橡皮泥等操作工具和材料，或充分利用各种自然、废旧材料和常见物品，让幼儿进行画、剪、折、粘等美工活动。引导幼儿自主料理生活或参与部分简单的家务劳动，发展其手的动作。如练习自己用筷子吃饭、自己穿外套、穿鞋，参与制作简单的食物等。同时，为幼儿提供良好的阅读环境和条件。如设置阅读室或阅读角，提供一定数量、符合幼儿年龄特点、富有童趣的图画书，提供相对安静的阅读环境，尽量减少干扰，保证幼儿自主阅读。激发幼儿的阅读兴趣，培养阅读习惯，当幼儿遇到感兴趣的事物或问题时，帮他们一起查阅图书资料，让他们感受到书籍的作用，体会通过阅读获得信息的乐趣。与此同时，还应激发孩子的想象力和创造力。鼓励幼儿依据阅读画面线索讲述故事，大胆推测、想象故事情节的发展，改编故事部分情节或续编故事的结尾。鼓励幼儿通过故事表演、绘画等不同的方式表达自己对图书内容的理解。鼓励并支持幼儿自编故事，并为自编的故事配上图画，制成图画书，或者根据故事情节排演情景剧。

© 狮子国际幼儿园 / VMDPE 圆道设计 / 半拍摄影

孩子们可以在木工教室和儿童烹饪教室内增加动手能力

2.3 社会大环境对幼儿成长的影响

人的成长及生活都离不开社会大环境的影响。古有“孟母三迁”，正所谓“近朱者赤近墨者黑”，可见人所处的社会环境对人成长的重要性。对孩子而言，由于思维及世界观尚不成熟，更易受到周边环境的影响。社会自然环境和文化环境，包括外部的治安，幼儿所能接触到的邻居、家庭亲朋、社会风气、社会信息等都在潜移默化中影响着孩子。因此家庭、幼儿园和社会应共同努力，为幼儿创设温暖、关爱、平和的家庭和集体生活氛围，建立良好的亲子关系、师生关系和同伴关系，让幼儿在积极健康的人际关系中获得安全感和信任感，收获自信和自尊，在良好的社会环境及文化的熏陶中学会遵守规则，形成基本的认同感和归属感。

3. 幼儿园选址及设计要素

3.1 幼儿园基地选址及总平面布置

基地的选择是幼儿园能否开办成功的重要因素之一。很多新型幼儿园是随着住宅区的建成而出现的，属于周边住宅群的配套建筑。如果幼儿园的基地环境好，设计人员将幼儿园设计得活泼新颖富有特色，幼儿园也可以成为小区的重要标志。幼儿园选址要注意如下几点：

1）幼儿园周边的公共绿化面积要尽量地大一些，好的自然环境有助于孩子的身心发育。

2）远离各种噪声、粉尘、有害气体污染源，如垃圾站、排放有害气体的化学工厂、嘈杂的农贸市场等。

3）不宜将幼儿园设置在易发生自然灾害的地区，应选择地形平整、基础设施完善的地段。

4）不应与商场、批发市场等人流量过大的商圈相邻。

5）园内不应有高压线、石油管道、燃气管道等穿过。

6）注意采光和通风问题，由于幼儿园建筑普遍楼层较低，因此不宜被建造在高大的楼群中间，四周的高大建筑不但影响采光和通风，还会给孩子造成压迫感。

7）注意周边环境的安全性，远离铁路、高速公路等车流高度密集的地区。

8）选择公共交通便利的地区，方便家长接送孩子。

© 上海万科实验幼儿园 / 刘宇扬建筑事务所 / 陈颢

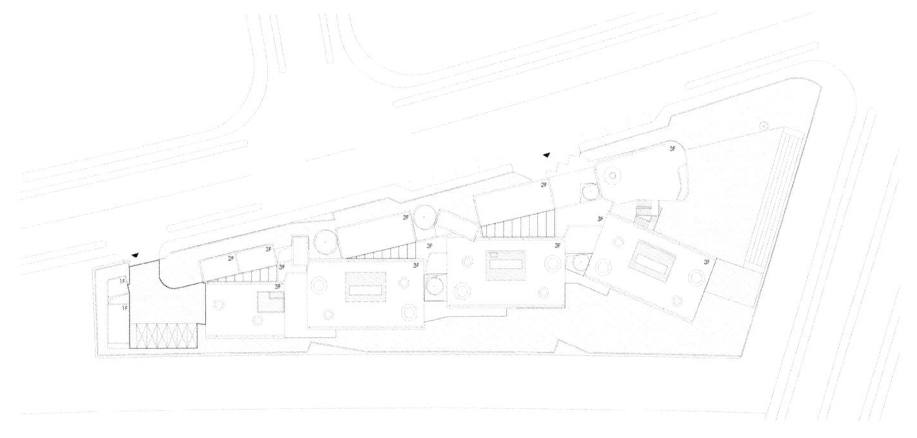

© 上海万科实验幼儿园总平面图 / 刘宇扬建筑事务所

幼儿园的总平面布置包括建筑物、室外活动场地、绿化、道路等内容的布置，在设计过程中应遵从合理分区、方便管理等基本原则，为孩子们打造有益于其成长的优质环境，布置的基本规则如下：

1）四个班及以上的幼儿园建筑应独立设置。三个班及以下时，可与居住、养老、教育、办公建筑合建，但应符合下列规定：合建的既有建筑应由相关部门完成防火、抗震等验收。建筑应设独立的疏散楼梯和安全出口，并在出口处设置安全集散和车辆停放空间。幼儿园应有独立的室外活动场地，并与周边环境采取隔离及防止物体坠落的措施。

2）幼儿园应保证每个孩子享有不少于 $2m^2$ 的室外活动场地，且活动场地应有至少一半以上面积在标准建筑日照阴影线之外，以确保孩子可以在充满阳光的场地进行活动，有助于其身体发育。活动场地从安全的角度出发，应采用软质地坪并保证其平整、防滑、无障碍、无尖锐凸出物。公共活动场地应设置游戏器具、沙坑、30m 跑道等，宜设洗手池、洗脚池，戏水池储水深度不应超过 0.30m。

3）园内绿化面积不应小于 30%，宜设置集中绿化用地，植被应选择无毒、无刺、不易滋生病虫害的植物。

4）供应区宜设置有单独出入口且与其他功能区相隔离的杂物院。

5）基地周围的围护设施的设置主要起到保护及防护的作用，首先要满足安全、美观的要求，其尺度应做到防止儿童穿过和攀爬。出入口处应设置大门和警卫室，并保证警卫室的视野不受阻挡，可随时观察幼儿园内外动态。

6）幼儿园出入口应避开交通主干道，并在出入口处设置车辆及人员停留场地，尽量避免影响周边交通状况。

7）活动室、寝室及具有相同功能的区域，应布置在当地最好朝向（不宜朝西，避免西照），冬至日底层满窗日照不应小于 3h，为孩子的成长发育提供足够的阳光。

3.2 室外活动区域的设计

幼儿园的室外活动场地在幼儿活动中占据着重要的地位，孩子们可以在此处接触自然环境，通过植物的生长变化来感知四季。同时可以在此与小伙伴们通过各种游戏环节进行互动，并且通过这些游戏或者体育锻炼来改善体质，增加初级的社交能力。

3.2.1 室外活动区域的绿化

幼儿园操场绿地的覆盖率应不低于总面积的 30%，其中软质地坪面积应大于 70%。通常情况下小朋友们喜欢在草坪上嬉戏玩耍或是躺在草坪上沐浴阳光。因此草坪要有足够的柔软度，最好选择小而密集且具有较强生命力的草。在草坪的附近可以种些不同种类的树木花草，并在树木花草旁边挂上对应的标牌，引导幼儿们认识这些植被。与此同时，树木等绿色植被能有效地起到净化空气的作用，同时也能优化幼儿园的环境。例如，位于成都的光墨书院，该项目的室外活动操场上栽种了大面积的草坪、树墙以及当地特有的绿色植被。旨在教会孩子们通过不同的节气来观察自然的变化，在一草一木、一沙一石中完成自我探索和自在成长，并体悟到生命的美好。

由于孩子的天性比较好动，对于新事物有着较强的探索欲望，因此幼儿园室外的绿化环境应该符合儿童乐于探索的心理，在面积足够大的情况下，可以开辟出小型的果蔬园区。让孩子们通过播种、浇水、除草、采摘等环节参与到果蔬的种植过程中。这样不仅可以锻炼孩子们的动手能力，同时能增加他们对大自然的认识。

© 光墨书院 / CROX 阔合 / 李国民

© 光墨书院 / CROX 阔合 / 李国民

3.2.2 室外活动区域的色彩搭配及美感设计

孩子眼中的世界是五彩斑斓的，色彩是孩子从出生那一刻起就开始接触的东西，孩子通过辨认不同色彩的物品来了解他们所处的世界，色彩在塑造孩子的心理特征上发挥着很大的作用。色彩的应用会影响整个室外活动区所呈现出来的视觉效果。众所周知孩子们对彩色尤其喜欢，但是由于孩子的视觉神经发育尚不健全，因此不宜接触过于刺激性的颜色，这样可以在一定程度上避免对视觉神经带来的伤害。室外活动区域的装饰色彩可以适当使用高明度的色彩，以此来吸引小朋友的注意力，提高小朋友的活动参与度，提升小朋友活动空间的质量。此外，操场颜色的搭配要与周围环境相协调，并且注意冷暖色的搭配使用。

© ∞幼儿园 / 曼景建筑 / 苏圣亮

© 义乌蒙特梭利早教中心 / 浙江安道设计股份有限公司（ZAN 工作室）/ 日野摄影

3.2.3 地面装饰材料的选择

在幼儿园操场的修建过程中，安全性是首先要考虑的因素，其次才是独特性。操场的设计要绿色健康，采用环保材料。幼儿园操场建造过程中经常使用的地面铺装材料有如下几种：

首先是悬浮式拼装地板，这种材质的地板采用环保材料聚丙烯（PP），具有无毒、无味、防水耐湿、不寄生细菌、绿色环保等特性。同时该产品具有耐高压、耐冲击、耐高低温、使用寿命长、不易翘曲剥落变形等优点，不受气候地域限制，雨后场地不积水。悬浮式拼装地板施工和平时的养护都很简单，在施工时可以不用胶水来进行胶合，只要把每块地板拼装好即可，易清洁保养且成本较低。除此之外，地板表层经特殊处理，与灯光亮度吻合，不吸光不反光刺眼，能更好地保护儿童的眼睛，不易产生疲劳。

第二种常见铺装材料是 EPDM 塑胶，它是由聚氨酯胶粘剂按控制比例混和特殊胶粒后，经由专业施工机械控制厚度铺设。EPDM 颗粒颜色多样且可选择，能够设计五颜六色的场地，特别适合幼儿园活动场地的建造。EPDM 最主要的特性就是其优越的耐氧化、抗臭氧和抗侵蚀的能力。该材质无味、无毒、不易燃，安定耐用，抗老化，不易滋生微生物。同时这种材质具有不容易起皮、起泡等优点。EPDM 耐候性强，特殊的胶粒表面能抵抗紫外线、臭氧、风雨及亚硫酸、瓦斯的污染，延长使用寿命。从其美观度而论，外观艳丽，用清水和普通清洁剂即可除掉尘垢，维护简便，节省管理费用。

第三种常用铺装材料为人造草坪。这种铺装材料最初是从国外引进的，直到 20 世纪 90 年代中后期才得到大面积的推广使用。幼儿园适宜铺装注塑人造草坪，其采用注塑工艺，将塑料颗粒在模具中一次挤压成型，并用打弯技术将草坪弯曲，使草叶等距、等量规律排布，草叶高度完全统一。具有外观鲜艳、排水性能好、使用寿命长、价格相对便宜、维护费用低、保护儿童安全等特性。

3.2.4 游戏设施的选择

有研究证明，较大的活动空间更能激发孩子的创造力和想象力，所以操场面积要尽可能大一些。在游戏设施方面，30m 跑道、滑梯、沙池、跷跷板、秋千、攀登架、儿童篮球架、洗手池等都是一个操场不可或缺的设施。这些基础设施需具备坚固耐磨等特性，避免使用棱角尖锐的游戏设施。设施的安装必须保证稳定性，要由专人安装、专人检测，避免安全隐患。下面列举部分游戏设施的安装及使用规范：

1）30m 跑道：幼儿园户外操场跑道区应以软性铺地为主，多以塑胶地面为主要形式，不要用水泥和砖块等较硬的材质。同时，跑道不能太靠近有秋千等大型活动器械的附近，以免发生冲撞的危险。

2）滑梯：滑梯在安装前应核实滑梯的钢管支架安装基础的位置及标高是否准确，并对其平台高度及大小进行检测，确定参数无误方可进行安装。安装时应严格执行国家相关规范，并在使用前检查滑梯表面是否光滑，零配件是否有松动，并且进行试滑。检查无误后，才可投入使用。孩子们在玩滑梯时要保持安全距离，不要推挤，不要头朝下向下滑。

3）沙池：幼儿园户外活动区域常见的沙池有固定沙池和可移动沙池两种类型。在沙子的选择上，应使用细软的天然黄沙，避免使用白沙或有色沙，严禁使用工业用沙。由于白沙的颗粒较大，遇水后黏性差，而细软的黄沙则相反，黄沙黏性强，因此可塑性强，孩子更能体会到玩沙子的乐趣，在玩的过程中锻炼动手能力。

4）跷跷板：比较安全的跷跷板下面带有弹簧设计，可以缓冲跷跷板突然上下造成的强烈颠簸。跷跷板在使用时需注意，坐在跷跷板两端的孩子体重不宜相差太悬殊，且跷跷板中间部分不可以坐人。孩子在玩跷跷板时双手要抓住把手，双脚自然下垂，切记不可将双脚置于跷跷板下方，以防挤压到。

5）秋千：秋千在安装后要由成年人先进行测试，确定连接处是否牢固。孩子在玩秋千时，首先要注意保持安全距离，不玩的孩子应远离秋千，以免发生刮碰。推秋千的力量要小而均匀，在秋千完全停摆后再从秋千上下来。

6）洗手池：培养孩子在游戏活动结束后养成洗手的好习惯。

3.3 建筑外观设计

近年来，幼儿教育越发受到人们的关注，随着这一教育领域的飞速发展，幼儿园的数量也随之增加。因此，建筑师们对于幼儿园建筑设计这一领域不断深耕、不停探索，越来越多的幼儿园开始脱离“土味审美”。幼儿园是孩子们的乐园，是他们长身体、学知识的主要场所。幼儿园建筑应创造出适合幼儿成长的优美环境，培养他们的美好情操并陶冶其心灵，使幼儿教育寓于娱乐之中。

3.3.1 建筑体量及外观造型设计特点

幼儿园建筑的造型设计应符合儿童审美，通过各种与造型相关的建筑要素创造出真正富有幼儿个性并深受幼儿喜爱的艺术形象。一般幼儿园建筑体量不宜太大，比一般公共建筑稍微小一些即可，层数也不要太多，最好控制在 2~3 层楼。幼儿园建筑造型设计相比其他公共建筑在形式上会更为活泼，且个性十足，设计师在设计幼儿园的过程中应着重处理好建筑内涵与形态之间的关系。在追求个性独特的同时，使其保持和周围建筑风格以及周边环境的协调。例如 Crossboundaries 设计的江苏硕集幼儿园，建筑风格尊重和延续了苏中传统，和当地民居呼应，并依各栋建筑的体量大小有所变形。建筑立面上，内庭的墙面主要由青砖砌成，外墙则一律是白色灰泥，在纷乱的县城环境里脱颖而出，为孩子的世界保持一份纯净。此外，幼儿园建筑的造型应符合公共建筑形式美的法则，即遵守统一与变化、比例与尺度、对比与微差、节奏与韵律、均衡与稳定等构图法则。

© 江苏硕集幼儿园 /Crossboundaries/ 郝洪猗

© 江苏硕集幼儿园 /Crossboundaries/ 刘敏玲

幼儿园建筑的外观造型是一个幼儿园给人们能留下最直观印象的因素。常见的幼儿园建筑造型包括主从式造型、母题式造型和童话式造型几种。其中主从式造型指的是以幼儿日常生活及学习的建筑空间为主体，其余服务型空间为从属的外观造型设计。这种造型设计可以从幼儿园建筑的平面布局中看出来，在这类幼儿园建筑中，主体部分的鲜明个性被突出出来，人们很容易就能找到建筑的主从关系，也方便幼儿认识建筑的构成，方便教职工的日常使用。每一个服务型建筑单元都是以主体为中心设计，活动单元因其数量多，常常以富有韵律感的建筑群存在，烘托幼儿园的生活和学习单元。这类造型很容易区分，一般都是由大体量的建筑和很多小体量的建筑构成，在设计中，从建筑形体组合方式、建筑外观色彩的明暗度、建筑材料质感等方面会有强烈的对比，突出强调主体的主导地位。

© ∞幼儿园 / 曼景建筑 / 苏圣亮

第二种是母题式造型。指的是以同一建筑元素作为主题，在建筑造型上反复使用这一元素，但是又要避免造型的雷同，要和“母题”达成和谐统一的外观感受，这样才能实现幼儿园建筑外观的活泼和生动之感。“母题”的形式有很多种，其中在幼儿园建筑外观上使用样式变化多样的几何形体成了最简单的形式。例如，正方形、矩形、六边形、圆形及圆弧与直线相结合的复合形体等，这类看似简单的几何形体，在实际应用中，能让人们很直观地看到建筑的“母题”，这类几何形体的简单堆砌往往能产生很不一样的效果，既能表明建筑的主题，又能赋予建筑活泼的感觉。除了外观造型使用几何形体之外，幼儿园建筑母题的形式还包括了门、窗、屋面、墙面及某些装饰等，这些均可作为建筑母题的基本要素，以这些形式来打造幼儿园的主题外观造型也是不错的选择。

最后是童话式造型。简单地说就是幼儿园外观看起来和童话故事里的情境相似，例如城堡似的幼儿园建筑外观，可以让小朋友们仿佛置身童话世界，从而进一步和小朋友在生理上和心理上产生内在联系。童话式造型的基本要素也是使用简单的正方形、圆形、三角形等几何形体，但是在造型上要求更高。这类建筑的外观造型并不是简单地堆砌，而是要经过特殊设计。所有的幼儿园外观造型上，都应该脱离过度具象化处理，如放大的卡通形象或具体生活器具、玩具形象。建筑设计作为一门艺术，强调源于生活高于生活的初衷。有实力的建筑师应该能够通过抽象的建筑语言表达幼儿园的外观。

© 大孚双语幼儿园 / 上海思序建筑规划设计有限公司 / 吴清山

© 棒棒糖理想园 / 迪卡幼儿园设计中心 / 侯博文

海螺和棒棒糖造型的幼儿园外观

3.3.2 建筑外观色彩的选择

目前幼儿园建筑在色彩搭配上依旧存在较多的问题，如片面使用高亮度或者高纯度的刺激性颜色，且色彩搭配杂乱无章，再或是色彩搭配缺乏趣味性，千篇一律地使用三原色。幼儿园建筑在色彩使用上一定要走出盲目认为幼儿对高亮度 、高纯度颜色喜爱的误区。颜色的心理作用更多地是根据各个文化背景形成的，要因地制宜，而生理上可以验证的是过强的亮度、纯度对视觉是有不良刺激作用的。

色彩在幼儿的成长过程中发挥着重要作用，幼儿天性活泼好动，因此幼儿园建筑在色彩选择上既要具备吸引小朋友的特性，又要通过颜色对其健康成长起到推动作用。一方面，色彩使用要有自己的特色，但是又不能与周围建筑差异过大，避免突兀感。同时还要注意冷暖色调的搭配，局部使用亮色达到点睛的作用，基底颜色以清新雅致的颜色为主，既要突出幼儿园的特色，又要符合大众对色彩的审美。

3.3.3 屋顶平台作为活动区域的设计

屋顶是建筑的重要组成部分之一，面临紧张的城市用地规模，屋顶已经逐渐转化成为人们活动的第二地表，公共建筑的屋顶也日益成为建筑空间再开发的重要资源。由于部分幼儿园无法为孩子提供足够大的室外活动空间，因而导致孩子们绝大多数时间都在室内进行学习和游戏活动。住建部相关文件规定，每个孩子的室外活动空间面积不应小于 $2m^2$。

© 上海市市立幼儿园“豌豆屋”/ 力本设计 / 董垒

为了解决室外活动空间不足的问题，设计师们开始开辟屋顶空间，为孩子们提供优质的第二室外活动空间。例如，位于上海的公立幼儿园豌豆屋，屋顶面延续了豆荚的造型，为孩子们设置了环形屋顶跑道和游戏场地。两个屋顶天窗为豌豆屋提供了足够的采光，圆形天窗设计了小爬坡，豆荚形天窗作为小朋友探索的玻璃道。

由于屋顶所处位置较高，且下部为建筑空间，因此必须首先满足建筑荷载量、防水、排水、防护栏等硬性设计及安全指标。其中防护栏的设计是重点，栏杆应以坚固、耐久的材料制作。栏杆高度应从可踏部位顶面算起，净高度不低于 1.30m，且必须采用防止幼儿攀登和穿过的构造，当采用垂直杆件做栏杆时，杆件净距离应小于 0.09m，从而确保孩子的人身安全。满足这些硬性规定之后再发挥设计师的创造性，对这一空间加以利用。首先可以在屋顶的中心区域设置多功能活动空间，增加玩具设施，并且采用丰富的色彩来吸引孩子集中到此区域进行活动，这样不但能在一定程度上减少孩子向具有危险性的边缘地区活动，也便于教师统一看护孩子。此外也可在屋顶开辟小型花园，种植各色植被，既提高了绿化面积，也能让孩子在活动中亲近自然。

屋顶平台被用作儿童活动的场地　© 索易儿童成长中心 / Crossboundaries/ 杨超英

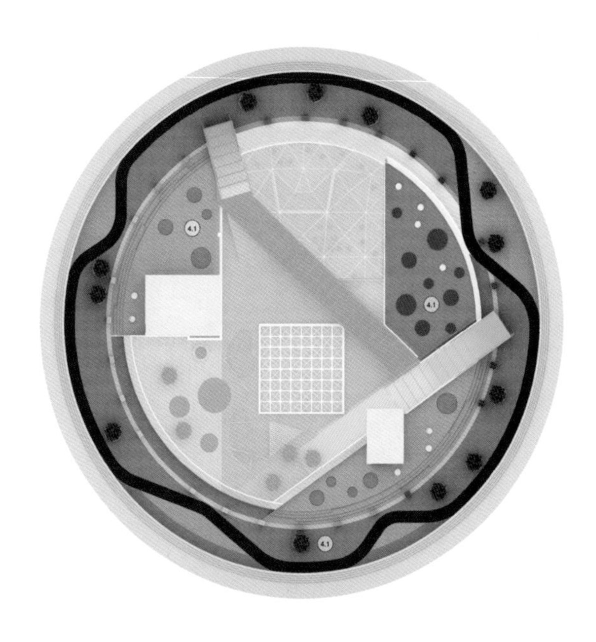

© 索易儿童成长中心屋顶平面图 / Crossboundaries

3.4 室内空间设计要素

室内空间是孩子们在幼儿园停留时间最久且活动最多的场所，因此幼儿园室内设计如何更美观，更富有童趣，更能吸引孩子的注意力，让孩子们主动参与到幼儿园活动中并获得长足的进步，是设计师们需要综合考虑的问题。

3.4.1 室内环境的色彩设计

据研究表明，色彩对于人的智力、情绪以及个性发展有着重要的影响。对孩子而言，视觉在其各种感觉和知觉中占有主导性地位，对幼儿的身心发展起着重要的作用。以红色和橙色为代表的比较鲜活的色彩可以使儿童产生兴奋感，增加创造力。但是如果长期受到此种色彩的刺激，很可能导致精神紧张，情绪焦躁不安，甚至有暴力倾向。以绿色和蓝色为代表的冷色调可以让孩子保持平静的心态，但接触过多也可能使孩子有压抑感。

因此在色彩的使用上，首先要注意其对孩子健康的影响，合理使用颜色，不要盲目地为了达到醒目的效果而大范围使用高纯度和高明度色彩。尽量使用中纯度的色彩，在平和的色彩中加入 5%~10% 的高纯度亮色，这样既不会显得氛围暗沉压抑，也不会过于刺激视神经。例如，稚荟树幼儿园，其室内使用的颜色包括白色、黄色、绿色、原木色等多重色彩，不同空间场景中的不同的材料组合和颜色搭配，呈现出灵动的气息并激发孩子们创造力。由于儿童不同于成年人，对彩色的认知自然也与成年人不尽相同。因此设计师不应只根据自己的喜好来设计室内色彩，应该多与孩子们交流，了解他们眼中的世界，站在孩子的角度去审视色彩带给他们的不同感受，充分发挥色彩的积极性作用，让孩子们爱上所处空间，并在空间中积极成长。

© 稚荟树幼儿园 / 门觉建筑 / 陈铭

3.4.2 室内导视系统的设计

在幼儿园室内设计中，导视设计常常被忽视。事实上，幼儿园内部的导视设计在孩子的日常生活和学习中起着非常重要的作用，幼儿园进行必要的导视设计能够在一定程度上通过各种提示性词语和图片保障幼儿安全，还可以使幼儿养成独立自主的好习惯，并且起到美化幼儿园环境的作用。除了传统的各种材质的悬挂在视觉上提供指引，也可以考虑儿童触摸的方式。如家盒子项目中，使用毛毡作为儿童身高范围内的标识系统，为儿童感知环境提供更多可能。

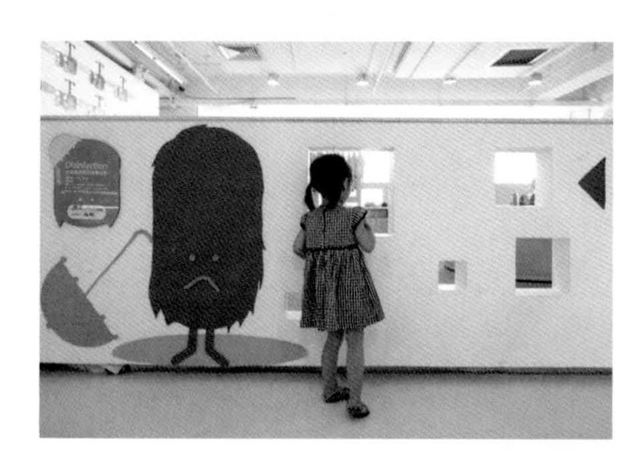

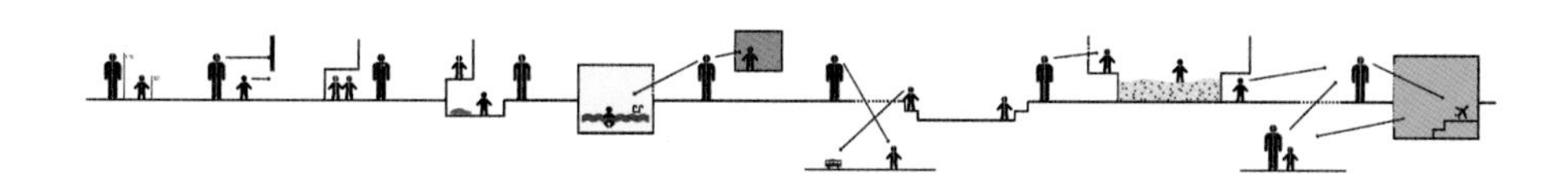

© 家盒子成长中心 / Crossboundaries / 杨超英

首先在一些容易对孩子造成安全威胁的地方，如容易发生磕碰的地方、电力室或其他小朋友不应去到的空间，除了采取硬性的防护措施，也应该在此处安放显眼且对孩子有震慑作用的导视牌，从而在一定程度上起到警示作用。

其次，在孩子的主要活动区域，导视牌的设计应该以温馨、活泼、可爱作为主题。很多幼儿园会根据不同的楼层划定不同的活动空间。如一楼为游乐空间和各种专业教室，二楼为餐厅和午睡房间，三楼为工作人员行政办公空间。因此可以以楼层为单位，在不同楼层设计不同主题的导视系统，配以活泼的图像画面，让孩子们更加清楚地了解自己所在的位置。同时，也可以通过色彩的划分，指引出不同楼层或不同空间的功能分区。在利用色彩划分空间的同时，也需要考虑到不同颜色对孩子们心境的影响，同时需要控制使用色彩的种类和数量，以免造成空间内的视觉混乱。

3.4.3 装饰材料的选择

幼儿园的装饰材料的选择应以无污染、安全环保、易清洁为原则，尽量选择天然材料，中间的加工程序越少越好。相关建材的使用应符合现行国家标准《民用建筑工程室内环境污染控制标准》（GB 50325）的相关规定。常用的装饰材料包括以下几种：

1）硅藻泥：硅藻泥的主要成分是硅藻土，属于新型天然的环保涂料。硅藻泥壁材可以为儿童打造出更加舒适的活动空间，它不仅对于有害物质有强大的吸附功能，其表面的微细孔还会随着室内温度的变化，不断地吸放湿气，硅藻泥同时将水分子分解成正负离子群飘浮在空气中，具有很强的杀菌能力。同时，硅藻泥的微细孔还能够极大地减弱空气中声波的传播，所以其隔声、降噪效果非常显著。

2）乳胶漆：乳胶漆是乳胶涂料的俗称，诞生于 20 世纪 70 年代中后期。乳胶漆是水分散性涂料，它是以合成树脂乳液为基料，填料经过研磨分散后加入各种助剂精制而成的涂料。乳胶漆具备了与传统墙面涂料不同的众多优点，如干燥速度快、耐碱性好且不易变色、色彩柔和、透气性好不起泡、安全无毒无味、调制方便易于施工、涂料属水相系统不引火等。

3）丙烯颜料绘画墙体彩绘：丙烯颜料是用一种化学合成胶乳剂与颜色微粒混和而成的新型绘画颜料，属于水性、环保型颜料。它有很多优于其他颜料的特征——干燥后为柔韧薄膜、坚固耐磨、耐水、抗腐蚀、抗自然老化、不褪色、不变质脱落、画不反光、画好后易于冲洗等。

4）大理石漆：大理石漆属纯水性配方，符合环保要求，无辐射公害；且具有高耐候性能，寿命可达 15 年以上，具有防水、抗裂、抗紫外线照射、抗沾污、耐洗涮、耐酸雨、不剥落、不褪色特点，并独具高自洁特性。

5）实木吸声板：该材质属于环保产品，甲醛含量极低，还具有天然的木质芳香。同时可到达 B1 级防火标准，且具有防霉防潮的功能。多种材质根据声学原理合理配合，具有出色的降噪吸声性能，对中、高频吸声效果尤佳。

6）实木地板：实木地板是天然木材经烘干、加工后形成的地面装饰材料，它具有木材自然生长的纹理，是热的不良导体，能起到冬暖夏凉的作用，具有脚感舒适，使用安全的特点。在铺设时要注意不能在有水汽的环境使用木地板，因为在有水汽的空间里面，木地板容易起鼓，还有就是有地暖的房间不能选用木地板，以防木地板受热而释放甲醛对孩子的健康造成影响。

7）PVC 地板：PVC 地板在当前幼儿园地面装饰中被广泛应用。PVC 地板的主要原料是聚氯乙烯，聚氯乙烯是环保无毒的可再生资源。同时 PVC 地板表面有一层特殊的经高科技加工的透明耐磨层。除此之外，PVC 地板质地较软且弹性很好，在重物的冲击下有着良好的弹性恢复，不会造成损坏。由于小孩子经常在地板上玩，所以装修中还要考虑地板的防静电功能和清洁能力。幼儿园专用的 PVC 地板可以阻隔静电的产生，保护小朋友免受静电的危害，并且 PVC 地板表面经过特殊的工艺处理，所以具有非常好的耐污染性，清洁起来也非常简单。

8）幼儿园塑胶地板：塑胶地板使用天然橡胶、合成橡胶制成，所以产品具有一定的弹性，能够缓解冲击力，并且由于其原材料本身的特性，它的表面阻力特别大，其防滑效果是其他地材不能比拟的，遇水更涩，极大地降低孩子活动时受到损伤的可能性。此外，幼儿园塑胶地板具有绿色环保的特性，且颜色丰富多彩，受到小朋友的喜欢。

3.4.4 装饰家具的选择

幼儿园在选择家具时，不但要兼顾家具款式的新颖和美观程度，更应该把安全性放在首位。由于孩子天性好动，会经常触碰到家具，因此必须保证家具的坚固性和固定性。应选取边缘无锐角的圆弧造型家具，不应有危险锐利边缘及危险锐利尖端，棱角及边缘部位应经倒圆或倒角处理。例如，鲸湾幼儿园中所有摆放的桌椅、书架，包括楼梯扶手的拐角处均进行了倒圆角处理，可以在一定程度上减轻磕碰给孩子造成的伤害。此外，还要检测家具在加工过程中所使用材料的化学成分，如常见的各种有害重金属、苯、酚及游离甲醛，避免有害化学物质对儿童的伤害。最后还要注重家具尺寸的选择，幼儿从小班到大班虽然相差年岁不大，但其身高体态、活动能力、兴趣情感差别很大，因此应依照幼儿的不同年龄特点，精心设计或挑选适合不同年龄段儿童使用的家具，确保他们可以在安全的前提下独立使用这些家具。例如，狮子国际幼儿园，在项目的细节处理上，设计师选择对幼儿友好触感的建材，家具根据各年龄层儿童的身高订制尺寸，保证了不同年龄段的小朋友都能自主使用这些家具。

© 鲸湾幼儿园 / VMDPE 圆道设计 / 何远声

狮子国际幼儿园 / VMDPE 圆道设计 / 半拍摄影

3.4.5 内部空间的隔声设计

幼儿园室内设计有明显的功能区域划分，由于幼儿天生好动，难免会时常出现吵闹的现象。为了避免不同功能区互相干扰，热闹的区域与安静的区域要进行合理布局。在幼儿园装饰设计的过程中，可以在墙壁、顶棚和地面使用带有隔声功能的材料。例如，在地面铺设地毯，在墙壁上安装隔声板等。空间内产生的声音大小与空间面积和室内空间高度有直接关系，房间越大，顶棚越高，回声也就越大。因此可以通过调整房间大小和顶棚高度的方式来控制噪声。幼儿园建筑的环境噪声应符合现行国家标准《民用建筑设计隔声规范》（GB 50118）的相关规定。

3.4.6 室内采光与通风

幼儿园采光是装修中一定会遇到的问题，如果采光效果不好，对孩子们的身体健康是有很大影响的。光照过强容易刺激幼儿视神经，导致其疲劳或焦躁不安。光线过暗又容易产生心里压抑等问题。在设计过程中，朝阳一面的窗户需悬挂窗帘以减弱日光的直接照射。当光线过暗时，可以使用落地玻璃墙壁代替传统墙壁，这样既可以增加采光，也可以使室内空间与自然相连通。需要获得冬季日照的婴幼儿生活用房窗洞开口面积不应小于该房间面积的 20%。同时也可以通过室内色彩搭配来调节视觉差，如白色的墙壁可以提高室内明亮程度，使视觉更加舒适。主要活动空间的采光系数不能低于 3%，窗地面积比需达到 1/5。卫生间、走廊及楼梯采光系数不能低于 1%，窗地面积比需达到 1/10。幼儿园建筑采光应符合现行国家标准《建筑采光设计标准》（GB 50033）的相关规定。

同时要注意勤通风，活动室和寝室等儿童所处时间较长的房间每小时换气 3~5 次，卫生间 10 次。公共浴室或者无窗卫生间要安置机械排风系统。对于冬季比较寒冷，不宜开窗通风的地区，室内应安装带有防护网且可变风向的吸顶式电风扇。幼儿园室内空气质量标准应符合现行国家标准《室内空气质量标准》（GB/T 18883）的有关规定。

© 江苏省北沙幼儿园 / Crossboundaries/ 郝洪蓊

© 上海市市立幼儿园“豌豆屋”/ 力本设计 / 董垒

天窗增加了采光量

3.4.7 室内照明系统设计

幼儿园的照明设计要充分考虑幼儿的生理及心理特点，结合自然采光与房屋整体框架，为幼儿营造健康舒适的成长及学习空间。灯具在人们的生活中不仅能起到照明的作用，还能通过灯具的外观以及带来的不同照明效果营造不同的氛围。在灯光布局中，要通过选择合适的光源来达到最佳的效果，不能盲目贪多。

幼儿活动室和教室是孩子身处时间最久的地方，应该在结合自然光源的情况下，设计大的落地窗户引进自然光源，并辅助一些筒灯和吸顶灯照明，适量加入趣味性的设计，缔造积极的空间氛围。用于寝室的灯具灯光要柔和，促进儿童睡眠。走廊空间通常较为狭长，适合在顶棚安装吸顶灯。大厅部分是家长与老师接触较多的空间，也是外来人员了解幼儿园的第一空间，灯具设置要突出幼儿园品牌，光线明亮。局部区域性照明的考虑是营造温馨气氛和界定局部空间的好办法，尤其对于室内营造特定的小环境有利。以光墨书院为例，其灯具为儿童专门订制，采用非直射光源，教室的灯光膜像一团轻盈的云朵，发光时如有天光倾泻而下，让孩子们即便在室内也能沐浴到自然的光辉。

© 光墨书院 / CROX 阔合 / 李国民

3.4.8 楼梯、栏杆、踏步和扶手设计

楼梯是孩子们上下楼的必经之地，因此在设计时要严格遵循国家相关标准，切实保护孩子们的通行安全。楼梯间应有直接自然采光、通风和人工照明设备，避免黑天时看不清台阶而造成通行障碍；梯段两侧除成人扶手外，还应根据孩子的身体特征设置高0.6m左右的幼儿扶手，方便孩子上下楼时抓扶；楼梯踏步面应采用防滑材料，高度宜为0.13m，宽度宜为0.26m；幼儿楼梯不宜采用扇形和螺旋形踏步，踏步踢面不应漏空，踏步面应做明显警示标识，楼梯入口处应设置上下楼梯相互礼让、靠右行走等指示标志；幼儿使用的楼梯，当楼梯井净宽度大于0.11m时，必须采取防止幼儿攀滑措施，防止幼儿从楼梯上滑落穿越，坠落至楼梯井底；楼梯栏杆应采取不易攀爬的构造，当采用垂直杆件做栏杆时，其杆件净距不应大于0.09m。

© 狮子国际幼儿园 / VMDPE 圆道设计 / 半拍摄影

© 鲸湾幼儿园 / VMDPE 圆道设计 / 何远声

3.4.9 走廊和安全通道设计

走廊作为幼儿园室内空间的重要组成部分，同时也是小朋友的聚集地之一，因此其安全设计尤为重要。在走廊设计时，要保证通道净宽度符合国家相关规定：生活用房中间走廊宽度至少 2.4m，单面走廊或外廊宽度至少 1.8m；服务、供应用房中间走廊宽度至少 1.5m，单面走廊或外廊宽度至少 1.3m。在走廊宽度达标且不影响通行的前提下，可在走廊处设置适当的活动区域，并对两侧的墙壁进行装饰。比如科普型装饰、益智型装饰，又或者是小朋友的绘画作品装饰等，让他们去探究环境装饰带来的乐趣。为了避免孩子们在嬉戏打闹中出现碰撞而受伤，幼儿园应该在墙角或者拐角处安放导视牌，起到警示作用，并且对墙壁的尖锐棱角做软装处理。

孩子的自救及应急能力相对较弱，在发生危险的时候容易陷入混乱局面，不利于人员疏散，因此幼儿园安全通道设计显得尤为重要。在幼儿园安全疏散和经常出入的通道上，不应设有台阶，避免紧急情况下发生踩踏事件。当有高差时，应设防滑坡道，其坡度不应大于 1:12。疏散走道的墙面距地面 2m 以下不应设置管道、灭火器、消火栓箱等凸出物，要保证安全通道畅通无阻，在发生紧急情况时可以以最快速度对人员进行安全疏散。

3.4.10 门窗设计

门是幼儿进出不同房间时经常需要接触到的部件，门下不应设门槛，避免绊倒所造成的伤害；同时宜在距地面 0.6m 高处增加幼儿专用拉手，方便儿童自己开门进出；用于幼儿生活和活动的房间应设双扇平开门，门净宽不应小于 1.2m，平开门距离楼地面 1.2m 以下部分应设防止夹手设施；不应设置旋转门、弹簧门、推拉门，以避免惯性对孩子造成的身体伤害，此外金属门由于触感冰冷且棱角尖锐，容易划伤幼儿，因此也不宜使用在幼儿园中；门应朝向人员安全疏散的方向开启，开启的门不应妨碍通道畅通；当幼儿经常出入的门使用玻璃材料时，应采用安全玻璃；门的双面应平滑、无棱角，门上应设置观察窗，观察窗应安装安全玻璃，以便老师与孩子观察室内外的情况。

窗户是连接室内外空间的重要设施，孩子天生好动，喜欢透过窗户观察外面的世界，因此做好相关防护工作就显得尤为重要。对于建筑的窗户设计，应符合以下规定：为了不影响视觉，活动室的窗台面距地面的高度不宜大于 0.6m，方便儿童看到窗外的场景；当窗台面距楼地面高度低于 0.90m 时，应采取防护措施，防护高度应从可踏部位顶面起算，不应低于 0.90m；窗距离楼地面高度小于或等于 1.8m 的部分，不应设置内悬窗和内平开窗；外窗开启扇均应安装纱窗；对于窗户扇的棱角处宜进行软装处理，减少发生磕碰带来的伤害，尤其是头部。

4. 幼儿园的主要建筑构成

幼儿园建筑主要由生活及活动用房、服务管理用房和供应用房三部分组成。这三部分建筑相互作用，为幼儿在园期间提供生活上的保证，为孩子们的健康成长保驾护航。

4.1 幼儿园生活及活动用房

幼儿园的生活用房由幼儿生活单元、公共活动空间和多功能活动室等组成，公共活动空间可根据需要设置。其中幼儿生活单元应设置活动室、寝室、卫生间、衣物储存间等基本空间。寝室最小单元使用面积为 $60m^2$，活动室最小单元使用面积为 $70m^2$，当活动室与寝室合用时，其房间最小使用面积不应小于 105m²，卫生间使用面积（含厕所与盥洗室）不小于 20m²，衣物储存间面积不小于 9m²。

© 光墨书院 / CROX 阔合 / 李国民

© 上海佘山常菁藤国际幼儿园 / ELTO Consultancy/ 三像摄 · 建筑空间摄影

© 天津和美婴童国际幼儿园 / 迪卡幼儿园设计中心 / 侯博文

根据儿童身体状况设计的专用卫生间

同一个班的活动室和寝室应设置在同一楼层，单侧采光的活动室进深不宜大于 6.6m，设置的阳台或室外活动平台不应影响生活用房的日照，室内地面应采用防滑且有弹性的地面，尽量减少孩子活动中由于跌倒造成的磕碰性伤害。寝室应保证每一幼儿设置一张床铺的空间，安全起见不宜布置双层床，床位侧面或端部距外墙距离不应小于 0.60m。在布置床铺时，应避免阳光直射或西晒，并且保证良好的通风条件，为孩子创造安静、舒适的睡眠空间。衣帽间作为幼儿园重要的功能分区之一，可以让孩子在更衣的过程中增加动手能力，并且培养其秩序感。通常情况下衣帽间分为开放式和封闭式两种，封闭式衣帽间应安置通风设施，避免衣物发生霉变。卫生间由厕所与盥洗室两部分组成，这两部分应分隔设置，并且保持通风。卫生间应临近寝室或活动室，但开门不宜直对这两处空间。每个卫生间应至少配备 1 个污水池，6 个大便器，4 个小便器，6 个洗手台。其设置的形式和尺度应该考虑到儿童的身体状况，并且符合相关防疫要求，定时通风及消杀。此空间地面应做防滑处理且不应设置台阶。

儿童活动空间包括音乐教室、舞蹈教室、美术教室、游戏室、科学实验室等。尊重幼儿的主体性，让孩子成为空间的主人，是进行设计的最基本原则。其中音乐教室在设计的过程中应格外注意隔声设计，减少对其他活动空间的噪声干扰。如果教室面积足够大，也可以布置一处小舞台方便演出。孩子们在舞蹈教室里的活动量比较大，因此在设计时一定要把安全因素放在首位，选择防滑且质地较软的地面铺装材料，对镜子和把杆等设施的牢固性进行定期检查。游戏室是孩子最喜欢的功能区之一，通过玩玩具可以增加孩子们的动手能力，锻炼思维。由于该区域人员数量较集中，因此应该注重空间布局，将孩子们分散在不同的游戏区。同时要注意安全问题，对地面进行软化处理，并且对孩子进行安全教育讲解，引导他们正确使用各种设施或玩具。

© 天津和美婴童国际幼儿园 / 迪卡幼儿园设计中心 / 侯博文

© 棒棒糖理想园 / 迪卡幼儿园设计中心 / 侯博文

4.2 服务管理用房

服务管理用房宜包括晨检室（厅）、保健观察室、教师值班室、警卫室、储藏室、园长室、所长室、财务室、教师办公室、会议室、教具制作室等房间。幼儿园建筑应设门厅，门厅内应设置晨检室和收发室。晨检室（厅）应设在建筑物的主入口处，并应靠近保健观察室。保健观察室应设置独立的婴幼儿床，独立厕所以及给水排水设施。教职工的卫生间、淋浴室应单独设置，不应与幼儿合用。

4.3 供应用房

供应用房宜包括厨房、消毒室、洗衣间、开水间、车库等房间或区域。其中厨房应自成一区，并与幼儿生活用房有一定距离，避免厨房用水泄露对幼儿生活区造成影响，同时厨房难免有油烟产生，也会对儿童成长不利。厨房应按工艺流程合理布局，并应符合国家现行有关卫生标准和现行行业标准《饮食建筑设计标准》（JGJ 64）的规定。厨房加工间内净高度应不低于 3m，厨房使用面积宜 0.4m^2/ 人，且总面积不应小于 12m^2。厨房内的墙面、操作台、水池等裸露在外的表面都应采用无毒、无污染、易清理的材料制作。地面应做防滑设计，排水及排烟设施需完善。若建筑为 2 层及以上，应设提升食梯，呼叫按钮距地面高度应大于 1.7m。托儿所、幼儿园建筑应设玩具、图书、衣被等物品专用消毒间。当托儿所、幼儿园场地内设汽车库时，汽车库应与儿童活动区域分开，应设置单独的车道和出入口，并应符合现行行业标准《车库建筑设计规范》(JGJ 100) 和现行国家标准《汽车库、修车库、停车场设计防火规范》(GB 50067) 的规定。

5. 建筑设备设计规范

5.1 电气工程

电气工程设计包括强电系统（动力、照明）和弱电系统（电信、电视、报警、智能等）两个部分。其中强电系统中的照明系统设计在幼儿园中占重要地位，现行行业标准《托儿所、幼儿园建筑设计规范》(JGJ 39) 中指出活动室、寝室、图书室、美工室等幼儿用房宜采用细管径直管形三基色荧光灯，配用电子镇流器，也可采用防频闪性能好的其他节能光源，不宜采用裸管荧光灯灯具。保健观察室、办公室等可采用细管径直管形三基色荧光灯，配用电子镇流器或节能型电感镇流器，或采用 LED 等其他节能光源。睡眠区、活动区、喂奶室应采用漫光型灯具，光源应采用防频闪性能好的节能光源。活动室、寝室、卫生间等空间宜设置紫外线杀菌灯，且要单独设置控制装置，避免误开。室内插座的设置应按需设置，其中活动室不少于四组，寝室不少于两组。为了避免儿童触碰，插座安装高度不应低于 1.8m，其额定动作电流不应大于 30mA。对于大门出入口、走廊、厨房、财务室等重点区域应设置安防监控、防入侵及自动报警系统，保安及工作人员也应借助这些系统工具对幼儿园周边的环境进行严格观察和把控，避免不相干人员进入园区内，以免对园区造成不必要的危害。

5.2 供暖系统

在较为寒冷的北方地区，冬季普遍采取利用热水循环集中供暖的模式，幼儿园也不例外。对于其他非集中供暖区域，冬季有较高室温要求的房间宜设置单元式供暖装置；当采用电供暖时，应有可靠的安全防护措施，避免儿童触碰；用于供暖系统总体调节和检修的设施，应设置于幼儿活动室和寝室之外，避免检修时影响儿童正常活动及作息；供暖系统应设置热计量装置，并应在末端供暖设施设置恒温控制阀进行室温调控，冬季室内最低温度不应低于 18℃，主要儿童活动空间温度应维持在 20℃左右，温度不宜过高，避免由于室内外温差过大而引发呼吸道疾病或感冒。

5.3 给水排水系统

幼儿园建筑内设置的给水排水系统应充分考虑幼儿的身体状况及成长规律，在符合现行国家和行业标准《建筑给水排水设计规范》(GB 50015)、《生活饮用水卫生标准》(GB 5749)、《饮用净水水质标准》(CJ 94) 和《建筑给水排水及采暖工程施工质量验收规范》(GB 50242) 的情况下进行设置。当幼儿园使用二次供水设备时，需保证水质不被污染且定时消杀。对于幼儿生活所需的热水，幼儿园宜优先采用集中热水制备的热水供应系统。当无条件采用集中热水制备时，也可采用分散热水制备或预留安装热水供应设施的条件，气候适宜地区应优先采用太阳能热水器或空气源热泵制备热水。洗衣房、淋浴室等区域宜设置地漏，便池宜设置感应冲洗装置。清扫间、消毒间应单独配置给水排水设施。厨房带有油污的废水应进行除油处理后再进行排放。

5.4 消防系统

幼儿与成年人相比缺乏对危险、危害的认识能力，而且行动缓慢，火场逃生能力很低，为保障幼儿在发生火灾时可以火速撤离到安全地区，幼儿园消防系统的设计务必要达标。首先要保证消防车道的畅通，不应有车辆停放在此阻碍应急通道，且通道宽度应大于 3.5m。其次，幼儿园用于安全疏散的楼梯间内不能附设烧水间、非封闭的电梯井、可燃气体管道等。再次，幼儿园的室外疏散楼梯和每层出口平台，均应采用防火材料建成，并且在楼梯和出口平台处严禁堆放物品，以保证通道畅通。消火栓系统、自动喷水灭火系统及气体灭火系统设计等，应符合现行国家有关防火标准的规定。当设置消火栓灭火设施时，消防立管阀门布置应避免幼儿碰撞，并应将消火栓箱暗装设置，单独配置的灭火器箱应设置在不妨碍通行处。幼儿园建筑竣工后，建设单位应当向指定的消防机构申请消防设计审核，并在建设工程竣工后向出具消防设计审核意见的相关机构申请消防验收。

幼儿园建筑及空间设计，要从孩子们的兴趣及需求出发，为孩子们打造优质的环境内容。提供丰富的物质条件，不仅关系孩子们性格的培养，还是体现幼儿园教学理念，幼儿园办学特色的重要条件。因此，在设计布局过程中，要保护孩子们的天性，促进孩子们的性格形成，利用好每一个空间的教育价值，让孩子们真正成为环境的主人，并在此健康地长大。

© 硕集幼儿园 / Crossboundaries / 郝洪骑

© 大孚双语幼儿园 / 上海思序建筑规划设计有限公司 / 吴清山

参考文献

[1] 沈明翠 . 0-3 岁儿童语言发展特点及其对语言康复的启示 [J]. 广西教育，2016（35）:46-47，99.

[2] 王津津 . 浅谈中班儿童语言发展的特点及原因 [J]. 读与写（教育教学刊），2018（6）:27.

[3] 雷颖，张涛 . 学龄前期以及学龄期儿童的心理特征及心理保健 [J]. 青春岁月，2014（21）:201.

[4] 徐茜语 . 试析幼儿园环境创设对幼儿成长的影响 [J]. 美术文献，2017（3）:87-88.

[5] 秦朝阳 . 幼儿园环境创设对幼儿成长的影响 [J]. 当代学前教育，2011（4）:47-48.

[6] 王元泽，王浩鑫 . 幼儿园建筑色彩设计原则 [J]. 学术研究环境艺术，2014（12）:137-138.

[7] 张碚贝，黄静 . 基于儿童心理学的幼儿园建筑色彩设计研究 [J]. 四川建筑，2009（6）:54-55.

[8] 住建部 . 托儿所、幼儿园建筑设计规范：JGJ 39 —— 2016 [S]. 北京：中国建筑工业出版社，2016.

案例赏析 Appreciation

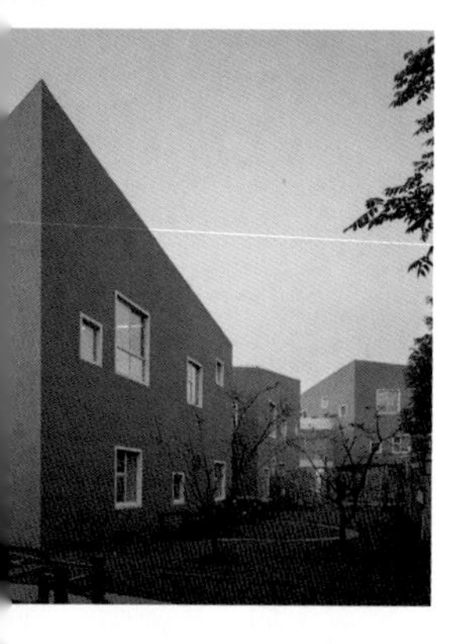

江苏省北沙幼儿园

项目地点
江苏省盐城市阜宁县北沙村
建筑面积
2815.4m^2
设计公司
Crossboundaries
主持设计师
Binke Lenhardt（蓝冰可）
董灏
设计团队
Tracey Loontjens
Alan Chou（周业伦）
Andra Ciocoiu/ 郝洪漪
摄影
吴清山 / 郝洪漪 / 刘敏玲

项目设计初衷

近年来，江苏省率先开始在全省推动高质量学前教育的发展，包括教育资源一度欠缺的乡村地区。因此，阜宁县政府委托 Crossboundaries 为其下辖的北沙村设计一所中心幼儿园，以缓解当地幼教资源不足的问题。

当地自然环境

阜宁县背倚苏北平原，面临苏中水网，自古崇文重教、尊道厚德，素有“江淮乐地”之称。如今，四时变化的农事仍是当地人主要的生产、生活内容之一。广阔的沃野托举起其上星罗棋布的房屋和其他人工建造物。前往北沙的一路上，窗外是一望无际的丰饶平原，薄雾笼罩的地平线偶尔被成排的树木和房屋中断。这就是江苏农村大体的面貌：平坦、无边的风景，正如其上的天空一样广袤无垠。而一旦你步入村中，一马平川的感觉立时就被消解。随处可见的高大树木将天空与田野切割成拼贴画般的背景；通过这些天然“柱廊”走向村中房舍时，会有桃源探秘般的新奇感。村庄周边的林木，同那些坡顶、砖墙的两三层农舍搭配起来，是那么和谐。如此景致，就成为 Crossboundaries 设计的北沙幼儿园生长、扎根的微观环境。

1- 幼儿园室内空间
2-“小屋”式组团带给孩子熟悉温暖的感觉和探索的乐趣
3- 北沙幼儿园

4

“迷你村庄”式的幼儿园建筑群

本次设计的关键点，是对尺度的把控。设计师们设计的组团式建筑，用若干“小屋式”结构分解了幼儿园所需的总建筑体量，并以一片多功能的户外活动场将每栋“小屋”集结在一起。这种室内外密切衔接、高度混和的空间关系，不仅呼应了乡村的原生肌理，对儿童早期教育而言更是十分重要的场所环境。正如“中国现代幼教之父”陈鹤琴所言：“大自然、大社会都是活教材”，儿童需要在与自然和社会的直接接触中、在亲身观察中获取经验和知识。而空间的设计者要为孩子们营造这种环境，创造这些机会。

4- 北沙幼儿园
5- 幼儿园室外活动区域

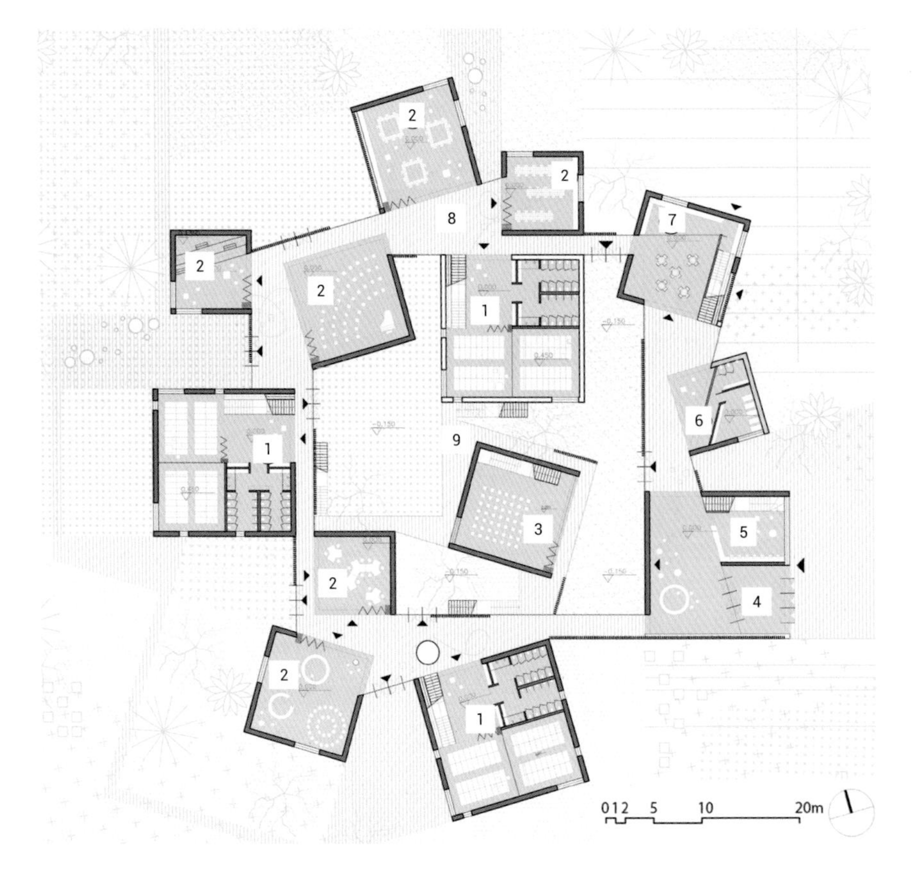

1- 教室
2- 特殊教室
3- 多功能室
4- 大厅
5- 教师区域及办公室
6- 体检室及医务室
7- 餐厅及厨房
8- 室内交通
9- 室外交通

一层平面图

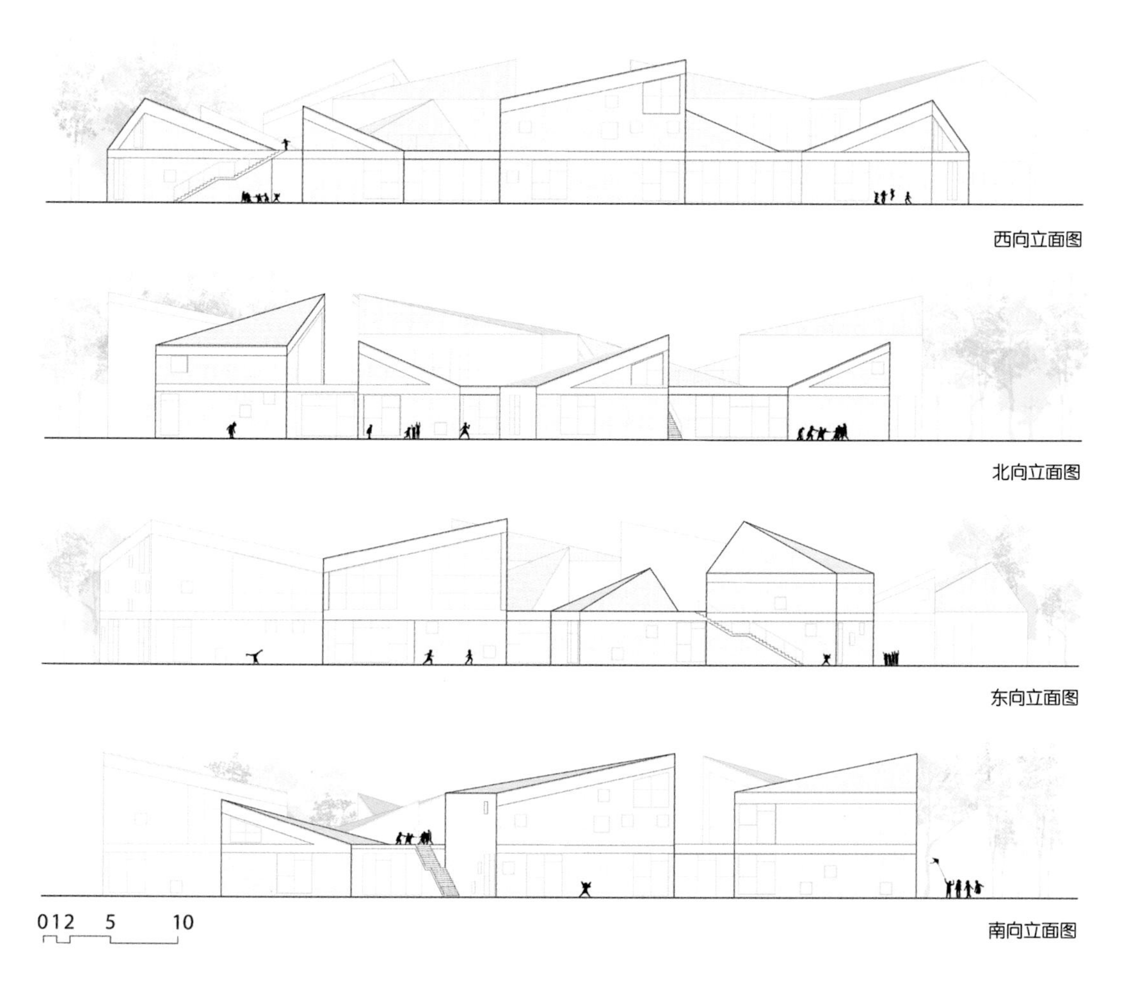
西向立面图
北向立面图
东向立面图
0 1 2 5 10
南向立面图

5

这座“小屋式”幼儿园更像缩小版的村庄，亲切的尺度带给孩子们自小熟悉的感觉；趣味的空间关系又带来新奇感，鼓励孩子好奇探索。来到幼儿园，他们或许首先会注意到中央的主活动场；随后，当他们漫步到“小屋”之间，就会发现房前屋后到处都是小小的神秘乐园，可以自由自在地学知识或捉迷藏，就像在村里一样。

6- 幼儿园室内空间

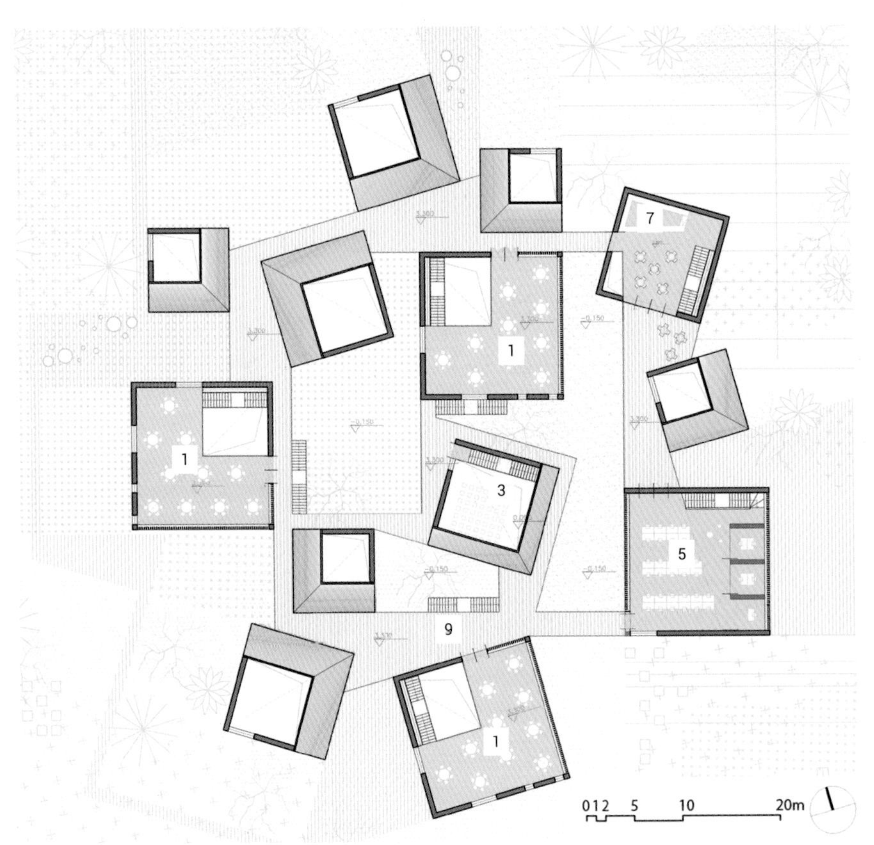

1- 教室
3- 多功能室
5- 教师区域及办公室
7- 餐厅及厨房
9- 室外交通

二层平面图

在附近村镇考察时，设计师们也曾见到很多典型的“教学楼式”幼儿园——隔绝环境、局限视野的大体量高层立方体，以及高度重复的单调立面，将一种相对孤立的“都市逻辑”植入了乡村既有的空间语境，像个外来的闯入者，而不是令孩子们感到熟稔、自在和温暖的“第二家园”。当地众多留守儿童的父母同当今全国各地的乡村青壮年一样，选择季节性地外出打工，错过了自己孩子成长的大部分时光。所以对于这些孩子而言，幼儿园确实就是他们的第二个家。

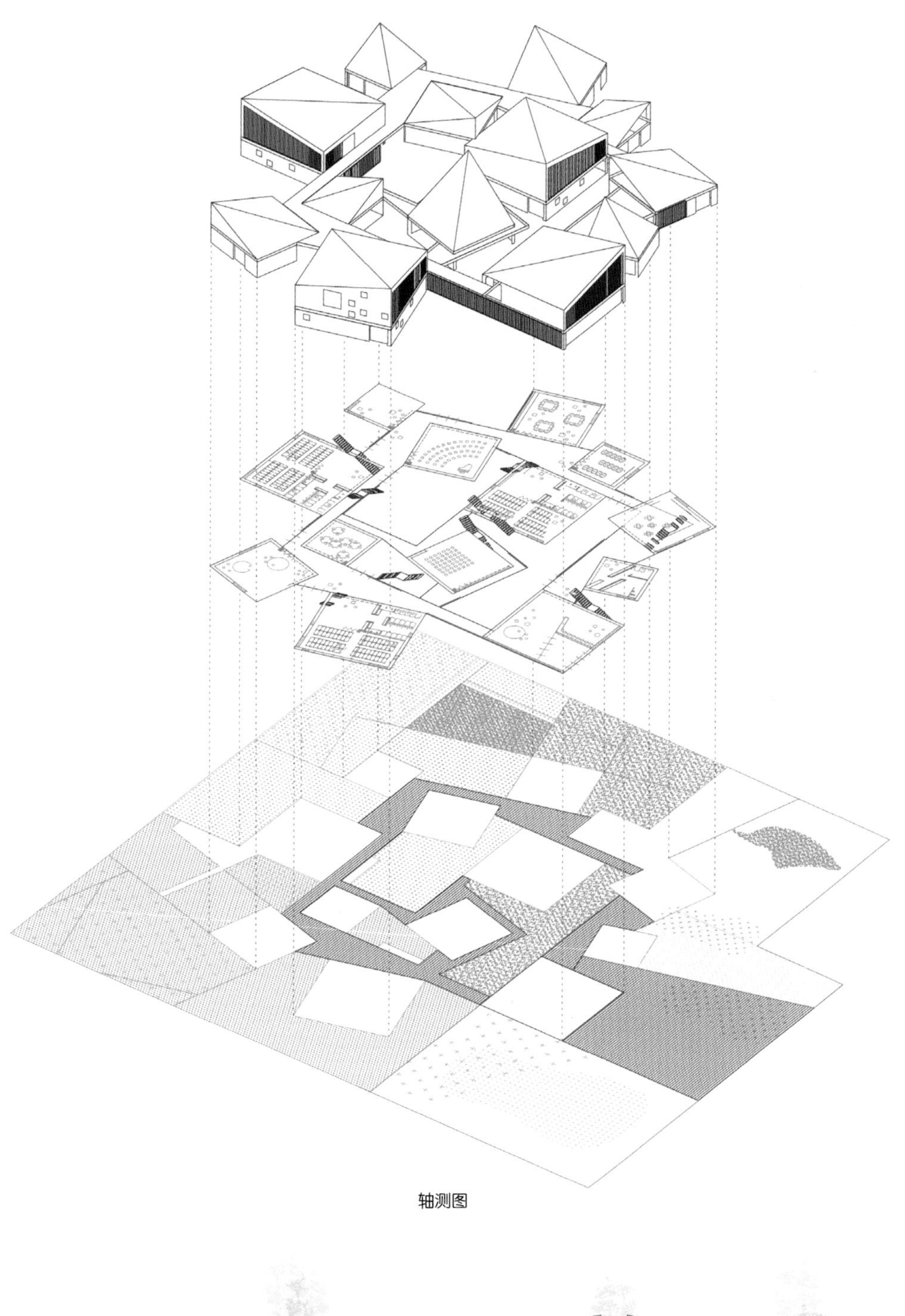

轴测图

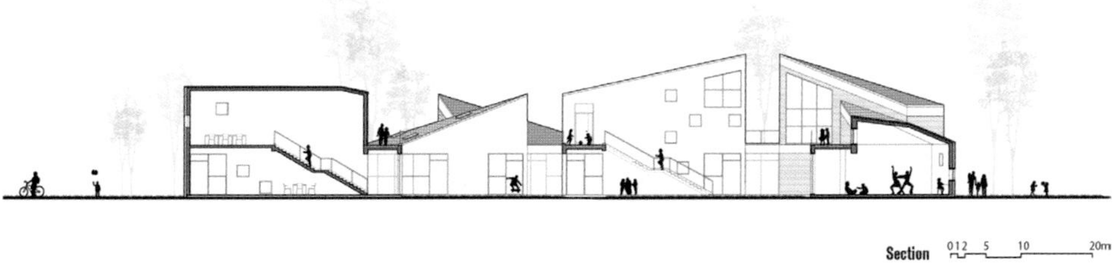

剖面图

7- 起伏多变的屋顶
8- 起伏的屋顶如置身山谷，让孩子们换一个角度去观察周围
9- 到处都是趣味空间
10- 对于村中很多与祖父母同住的留守儿童而言，幼儿园就像第二个家

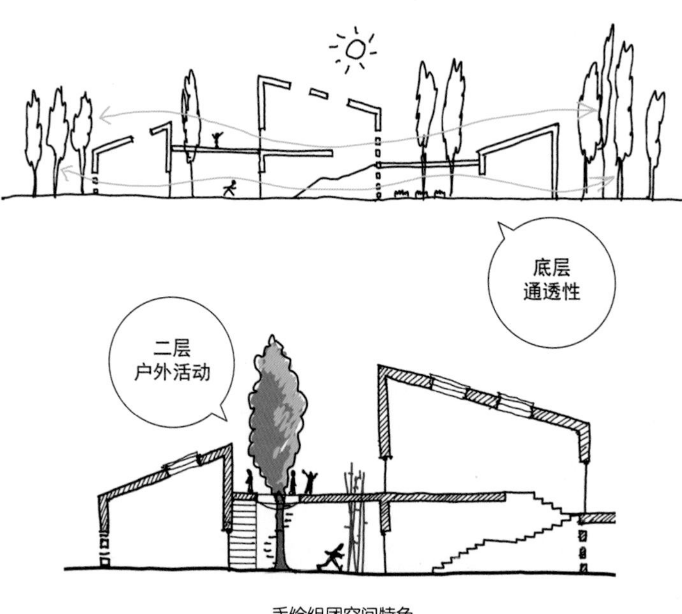

手绘组团空间特色

探索之乐

二层步道的功能，不仅连通着各个区域，也是孩子们的活动平台。上到二层平台，孩子们的目光会立刻被起伏的坡屋顶吸引，忽有置身山谷的感觉，树冠也几乎触手可及。视角的小小转变，就能使孩子们换一个角度去观察自己周围的一切，拓展他们日常的空间体验。

立面材料选用了本地随处可得的老青砖和白色灰泥，每栋“小屋”的面貌都不尽相同。在房屋的底层开设了多处相互对望的方窗，为每栋建筑与每处小庭院之间建立起视觉联系，移步换景，将别处的活动引入视野，形成通透、有趣的室内外关系。

常见的幼儿园
形态与乡村
环境格格不入

自幼儿园建成以来，它不仅是孩子们的乐土，也成为村中居民喜欢的社交场所。父母或祖父母们聚集在此，在接送孩子之余，有了更多融洽的交流。

手绘融入乡村肌理

设计师问答

1. 室内主要使用了什么装饰材料，为什么选择这种材料？

设计主要以融入大自然贴近生活为主旨，地面采用 PVC 塑胶地板，这种材质颜色多样，可以以颜色区分幼儿年龄段。且这种软质材质，更加适合儿童，可以让小孩在园中更加自由地玩耍。

2. 室内主要颜色的选择和搭配，营造了什么样的氛围？

室内色彩以较为柔和的白色和相对活泼的粉色为主，屋顶倾斜且有天窗，这种设计使阳光更加充足，在阳光的照耀下使得室内环境又多了一丝温暖和温柔之感。

索易儿童成长中心

项目地点
河南省郑州市
建筑面积
28200m²
设计公司
Crossboundaries
主持设计师
Binke Lenhardt（蓝冰可）
董灏
设计团队
Tracey Loontjens
李振宇
早期团队
Cristina Portoles
Brecht Van Acker
Filip Galuszka
Diego Caro
摄影
杨超英

不仅仅改造建筑，更是引领新教育方式

索易快乐成长中心位于郑州市郑东新区。这座新城，曾经一度被众多媒体称之为国内最大的“鬼城”之一。索易属于三座圆形荒废大楼之一。此建筑群建成十年从未投入使用。在中国，为甲方作建筑设计时，工作往往不仅局限于建筑本身。对于在国内的建筑师，如果其愿意的话，可以成为牛津字典里，为建筑师赋予第二个定义：一个负责创造或实现特定想法或项目的人。

一开始面对索易这个任务时，甲方提出的要求是利用该建筑物“为中国教育做些改变”。由此，索易给Crossboundaries的设计任务书成了明确视野及其实现方式的对话，这首先就从教育思想开始，进一步明确要做如何的改变。经过一系列调研和考察，索易采用了Crossboundaries的教育理念提议——为儿童提供全面的教育。全面的教育不仅仅通过授课的方式传授知识，而是专注于培养及孕育孩童本身的独立人格及兴趣，并且这个过程中帮助它与社会及同伴更好地相处。

Crossboundaries围绕角色扮演这项娱乐为索易设计了一套教学方案。每一天，孩子们根据自己的不同的兴趣和想要成为的角色探索和学习所需要的知识，以在一天的结尾成长为任何他们想成为的人。在寓学于乐的新兴浪潮里，索易的这个新颖且整合建筑的方案，让它在儿童娱乐设施这个新兴儿童产业板块中占据了领先地位。由于国内外对于传统儿童教育设施已经有一系列系统的规范，将这样订制的教学方案安置在一个原有的建筑里，需要新的空间类型策略。

1- 建筑鸟瞰
2- 建筑正面全貌
3- 建筑近景

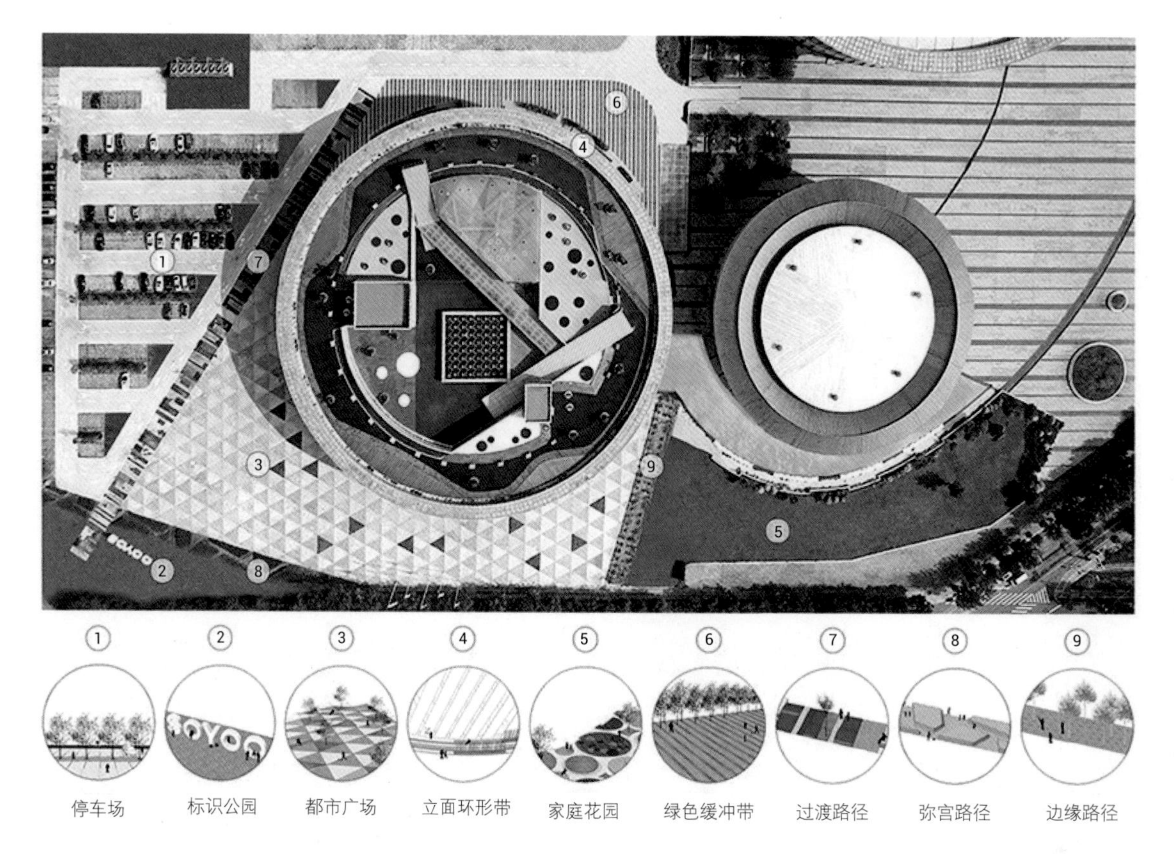

1 停车场
2 标识公园
3 都市广场
4 立面环形带
5 家庭花园
6 绿色缓冲带
7 过渡路径
8 弥宫路径
9 边缘路径

鸟瞰图

SOYOO
4

把全面教育转化成空间课本

二层的主要项目，包括为各种主题而设的空间，如阅读、艺术、音乐、舞蹈、地理等。他们从一个空间毫无障碍地过渡到另一个，其中也预示知识是相互关联的，而非支离破碎彼此分隔。这种开放设置，既鼓励孩子们之间的相互交流沟通，也允许他们在更广阔的范围里体验不同的题材。

建筑的这种项目也一直延伸到第三和第四层。在第三层，设置了更多的学习区域，包括一座天文馆，一间温室；而在第四层，这个顶层提供了跑道和操场。

4- 建筑外观
5- 二层红色和黄色通道交接
6- 一层大厅儿童互动装置
7- 二层木偶剧 / 皮影戏 / 即兴创作剧场
8- 剧场
9- 文学区

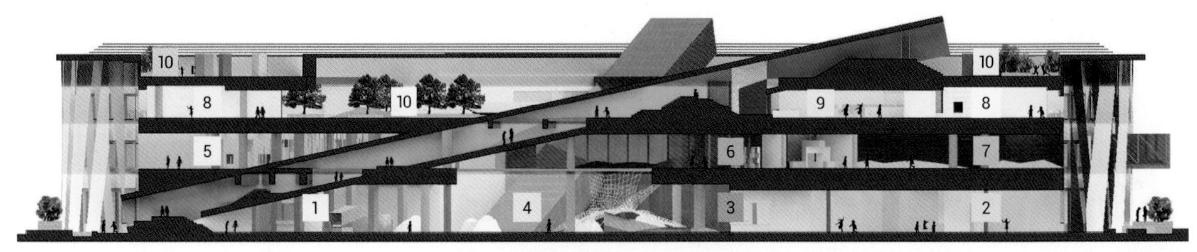

1- 接待处及信息台　3- 衣帽间　5- 艺术区　7- 阅读区　9- 办公区
2- 零售店　4- 室内游乐区　6- 地球村　8- 幼儿园教室　10- 室外游乐区

剖面图

10- 黄色通道
11- 蓝色通道
12- 红色通道和绿色通道交接

现有的建筑内部已经存在水平流线，然而在此之外，Crossboundaries 为孩子们提供了额外的通道。设计师别开生面地设计了五条不同颜色的管道，通过不同的角度，切割了建筑内部的空间，有力地打破了建筑物原有死板的水平楼层格局。和地铁系统相类似，这些管道相互穿插，带领孩子们到建筑里不同的区域。

孩子们从彩色管道出发，任由他们的兴趣带领他们在不同的知识领域里穿梭畅游，探寻彼此的相互联系。基于各自多样化的起点，每一个孩子在索易里的旅程都是独特的，这也给索易带来丰富多彩的特性，同时也给孩子们提供了无穷的知识海洋和各种社交活动。

索易的空间解决方案和国际知名教育顾问罗宾森先生的理念产生共鸣。这个共同的想法，就是教育应当是个性化的， 而且儿童成长的环境，应当培养他们的学习动力，并发现内在的热情。

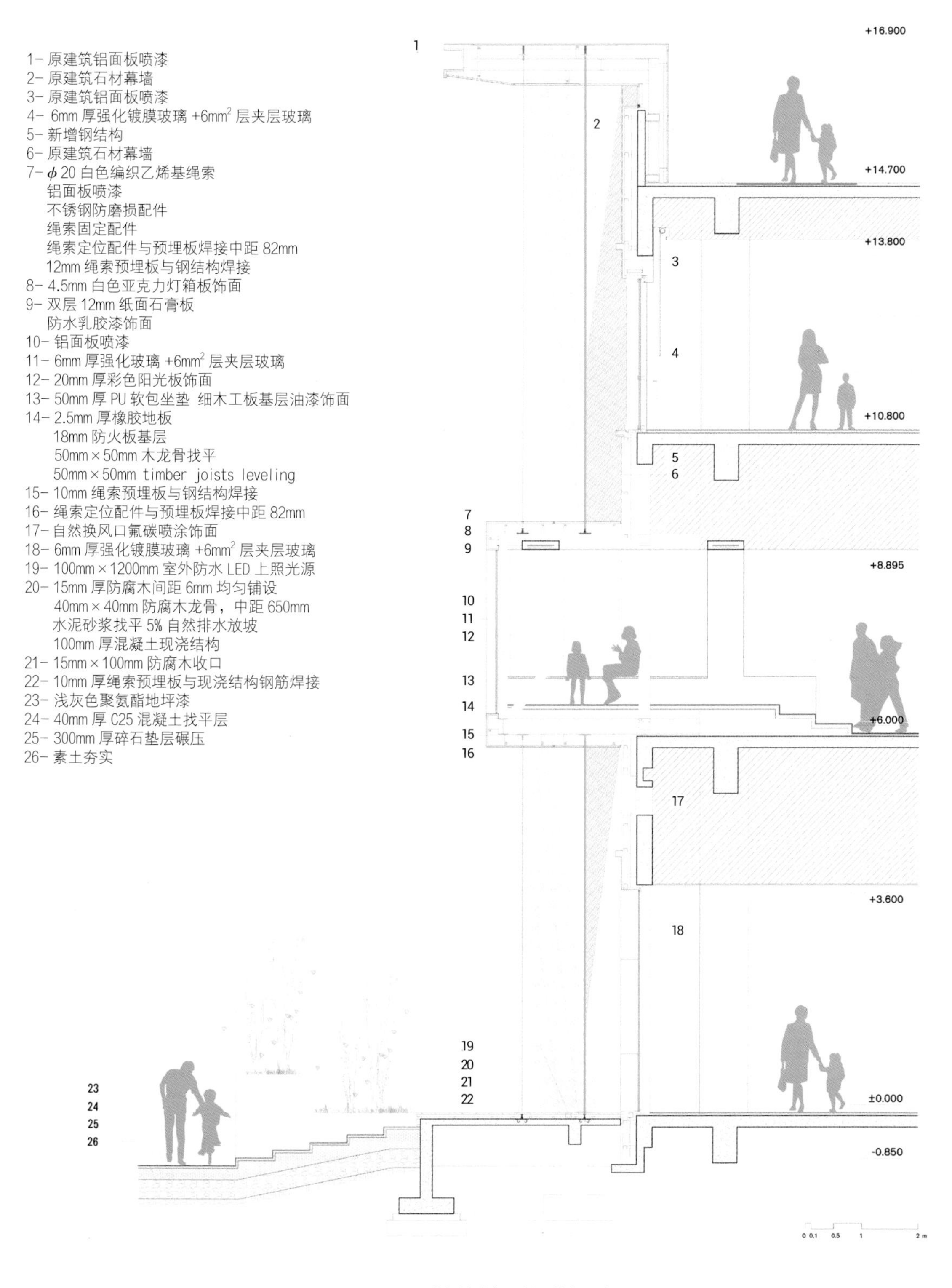

黄色管道立面剖切节点设计

13、14- 室外广场
15- 建筑立面

对周边社区的有力贡献

根据政策要求，建筑的一部分外墙必须保持原有外形，以保持发展过程中，同另外两栋大楼的和谐。然而，建筑原有的石板墙体和铝外形，并不能反映其作为儿童设施的新功能。不论是从外部或是内部，其水平性和外墙都给建筑带来厚实的沉重感和乏味性。

面对这些挑战，Crossboundaries 最后带来了新颖而有效的解决方案——运用轻质的绳索，从现有屋顶向地面缠绕。通过倾斜并且双层的形式，这些绳子大大降低了原有建筑的死板，并且增加了丰富性，同时又不阻挡任何光线。为了提供更强烈的方向感，绳子的颜色和室内色彩相一致——都是色彩模板。人们在新旧墙体之间来回走动，风像乐手一样拨动琴弦般的绳索，行人也感受到轻风迎面，和他们一起互动。

大型的公共入口面对主道路开放，场地附近各个方向均可轻松到达索易。同时，建筑也提供长凳和绿植，更带来了超过建筑本身愉悦的氛围。这个广场不仅仅开放给儿童游乐，更面向整座城市的居住者，作为一个休闲和集合的场所。

索易给无数周围已完工数年的住宅带来外部活力。在施工开始不久，索易独具魅力的教育项目和公共空间，便吸引了大量的人群和商业，带来周边零售店的陆续开业。这座建筑，创造了社区内的和谐和紧密联系，也给原有联系疏散住宅注入新活力。

13

15

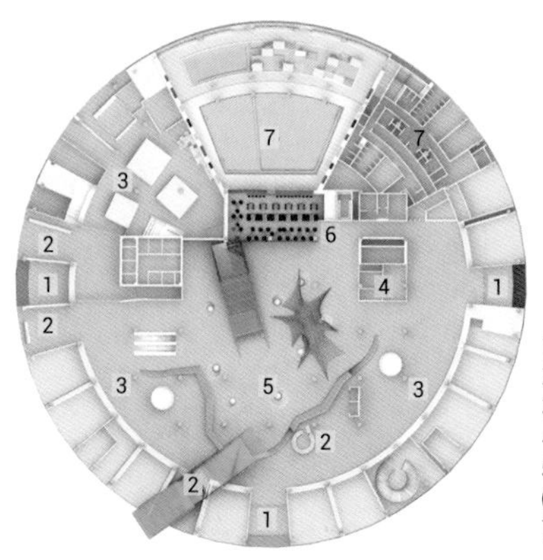

1- 入口
2- 接待处及信息台
3- 零售店
4- 衣帽间
5- 室内游乐区
6- 咖啡厅
7- 游泳区和更衣区

一层平面图

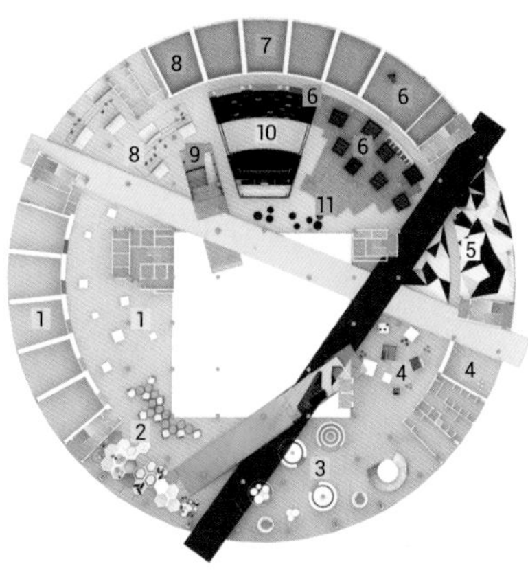

1- 艺术区
2- 动漫区
3- 厨艺及餐饮区
4- 地球村
5- 阅读区
6- 音乐区
7- 舞蹈 / 动作区
8- 戏剧区
9- 影院
10- 剧场
11- 休息区

二层平面图

1- 幼儿园教室
2- 休息区
3- 天文馆
4- 温室
5- 管理 / 办公区
6- 室外游乐区

三层平面图

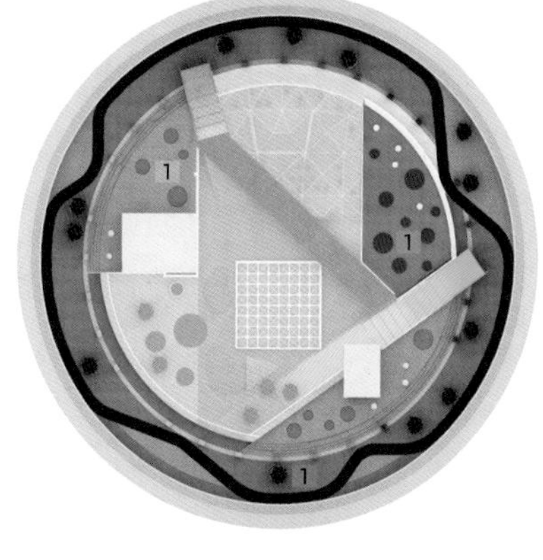

1- 室外游乐区

四层平面图

设计师问答

1. 室内主要使用了什么装饰材料，为什么选择这种材料？

设计主要以阳光板的五条不同颜色管道，这样通过不同角度，切割了建筑内部空间。阳光板材质轻盈，透光性强，色彩鲜艳。再加上移动玻璃隔断，可轻易改变空间的使用方案。丰富色彩的亚麻材质地板绿色环保，再配合各处的软包织物，可供家长及小孩休息娱乐。这样互相配合，寓教于乐，激起孩子们的兴趣，带领他们在不同的知识领域里穿梭畅游，探寻彼此的相互联系。

2. 室内主要颜色的选择和搭配，营造了什么样的氛围？

室内颜色从南至北以红、黄、蓝、绿的色彩装饰室内，这也给索易带来了丰富多彩的特性，营造出一个个性化适合孩子成长的氛围，同时也给孩子们提供了无穷的知识海洋和各种社交活动。

棒棒糖理想园

项目地点
云南蒙自
建筑面积
9000m²
设计公司
迪卡幼儿园设计中心
主持设计师
王俊宝
设计团队
欧吉勇 / 谭慧敏 / 傅会明
陈健 / 常笑健 / 赵崇廷 / 魏坤
施工图深化
张琪 / 李强
效果图深化
常笑健 / 高鑫 / 杨茗
马鑫 / 周珂 / 李强
崔英楠 / 王东平 / 吴林
摄影
侯博文

与周围的建筑产生外貌及形式和颜色上的对比

这个造型独特形似棒棒糖的建筑位于云南，棒棒糖理想园拥有与其他作品不同的历史，它重新定义了建筑作为学校教学和文化背景的载体，在初始设计完成的半年后，建筑开始在一个与原本设计环境完全不同的地点被建造。

这个幼儿园与其他幼儿园最大的不同在于其设计中所有的灵感均来自孩子的艺术世界，最突出的特点是外在造型上的设计，以“钥匙”为载体，主体也以棒棒糖为造型，就像小朋友的画作，加入更多顺其自然与童真的幻想。在外在造型上也清除了孩子们对于学校的陌生和怀疑，减少了钢筋水泥的冰冷感。设计团队在不断地经历过设计，修改，调整，推敲，反复创新后，用自己的一笔一画赋予了建筑生命，创造出了“最熟悉的新鲜感”。

1- 建筑中融合的民族特色
2- 建筑与周围色彩行程对比
3- 建筑侧外观

3

4

与宇宙对话，和未来对话

人生需要很多把钥匙，幼儿园是开启人生的第一把钥匙。校园色彩方面借用了黎明时分天空渐变的颜色，从下往上，由深转浅，充满神秘又变换无穷的气息，色彩可以给孩子们带来不同的感受和情绪，而渐变色则可以给孩子更多的想象空间，纯粹的渐变色使色彩更加的生动缓和，不单调也不会给视觉增加负担，设计师在极力创造一个诗意且具有艺术的世界，想要给孩子们一个奇异的世界，让他们可以在这里体验、成长、感受四季。

5

4- 建筑立面
5- 侧外观
6- 侧立面

校园的每个区域都有着自己的功能，得益于天赋的自然条件。概念的立意之初，建筑师就力图创造一个可以与自然交融的校园，伴随着清晨阳光的冉冉升起，阳光打在渐变色的墙砌上，水、空气都伴随着微风自然而然地与孩子们建立起了完整的联系。孩子们一边呼吸着新鲜的空气，一边感受着自然的和谐，漫步其中，带来了非凡的体验。

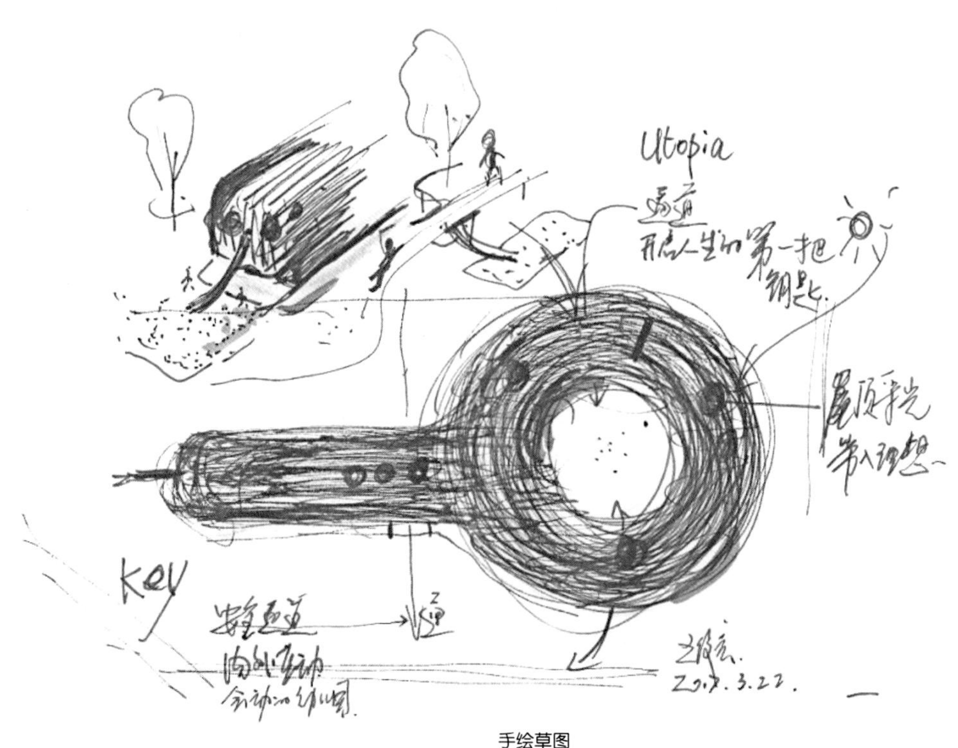

手绘草图

新与旧的界限

室外活动区带来有趣的碰撞——混凝土以及色彩的对比达成了和谐统一，新与旧的碰撞则带来了更多空间构成的可能性。室外活动区域是孩子们最主要的日常活动范围，设计师希望此区域更具有开放性和灵活性，可以满足不同年龄段学生对于空间的需求。当阳光穿梭有趣的路径时，在地面上透射出五彩斑斓，变成一个个有趣的光影游戏，正是这些小细节，让校园显得如此特别，此区域更是深受家长和孩子的广泛好评与喜爱。

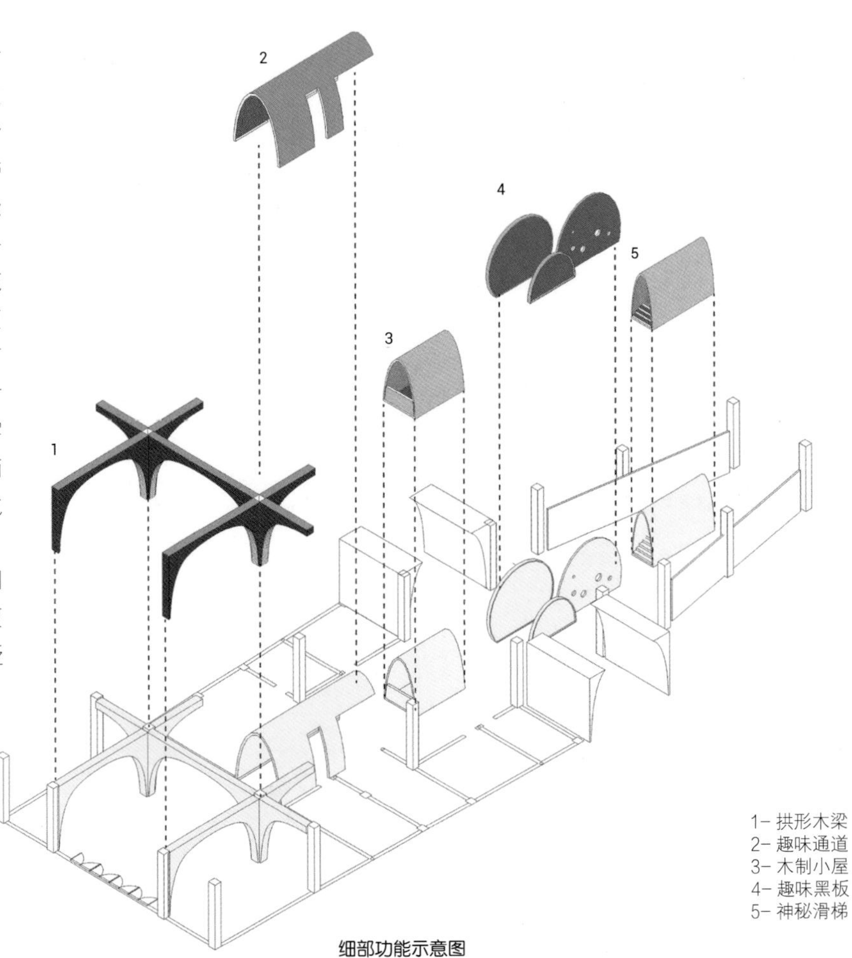

细部功能示意图

7- 新与旧的对比
8- 孩子们在阳光下奔跑
9- 操场俯视图

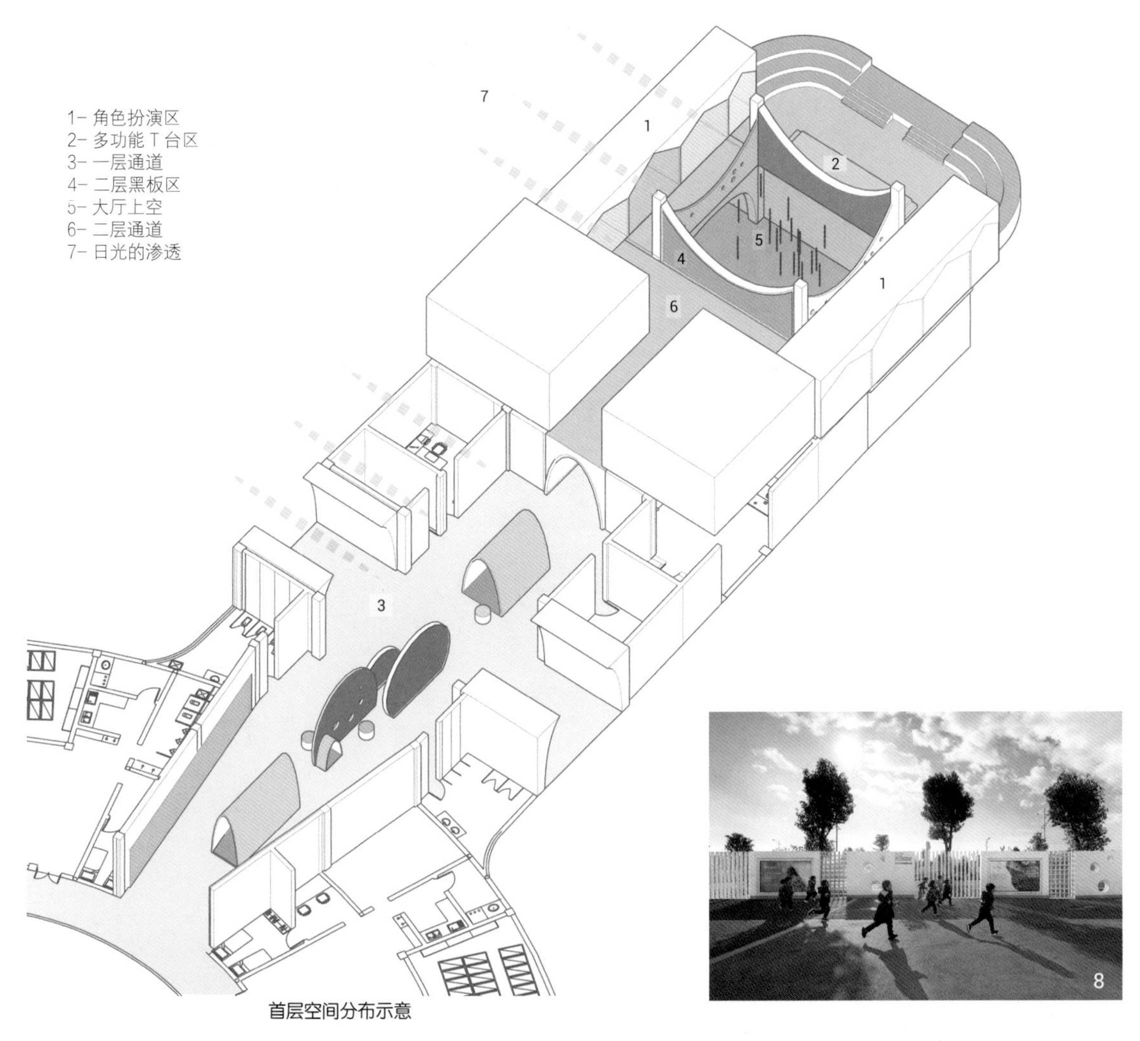
1- 角色扮演区
2- 多功能 T 台区
3- 一层通道
4- 二层黑板区
5- 大厅上空
6- 二层通道
7- 日光的渗透
7
1
2
5
4
1
6
3
8

首层空间分布示意

9

融合民族建筑特色

设计团队将闽南福建土楼，哈尼族蘑菇屋的建筑结构保留下来，将传统文化元素与现代建筑相融合，置入当地特色艺术。设计师利用素朴的建筑语言表达毫无修饰的建筑内涵，并在这个传统的躯壳里融入现代的设计手法，打造具有民族特色的质感，给孩子们留下了一个既有特色又现代的建筑作品，也更好地适应了当地孩子们的生活方式。

10~12- 空中视角下的民族特色

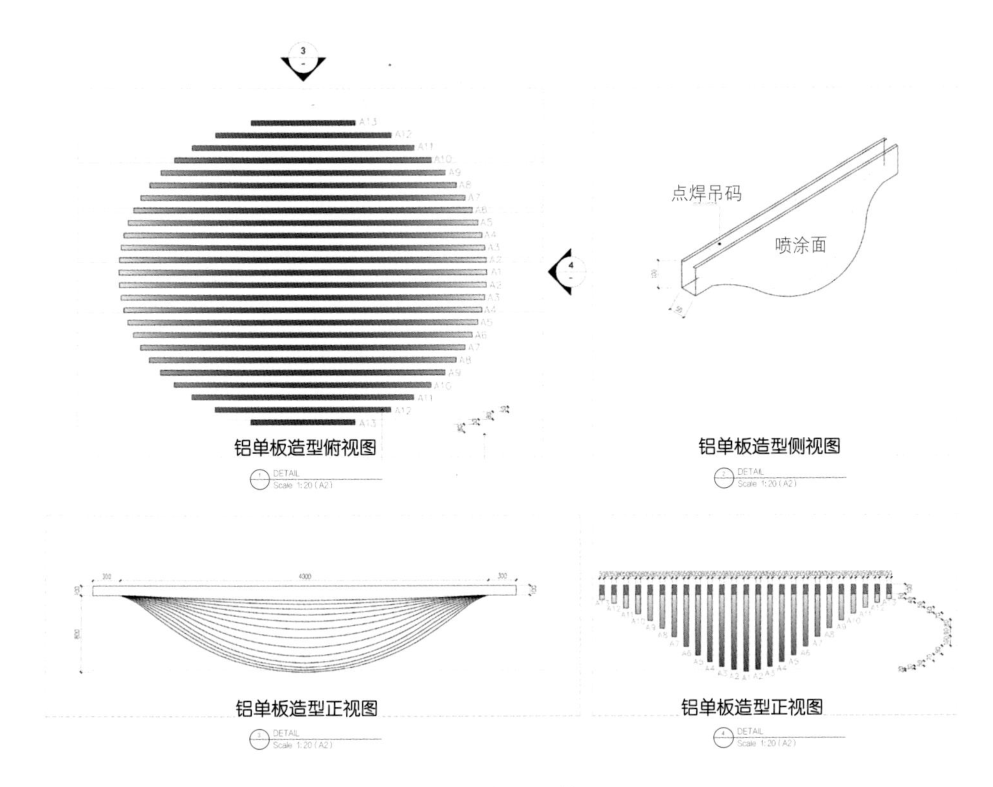

铝单板造型俯视图

DETAIL
Scale 1:20 (A2)

铝单板造型侧视图

DETAIL
Scale 1:20 (A2)

铝单板造型正视图

DETAIL
Scale 1:20 (A2)

铝单板造型正视图

DETAIL
Scale 1:20 (A2)

一层中庭顶棚大样图

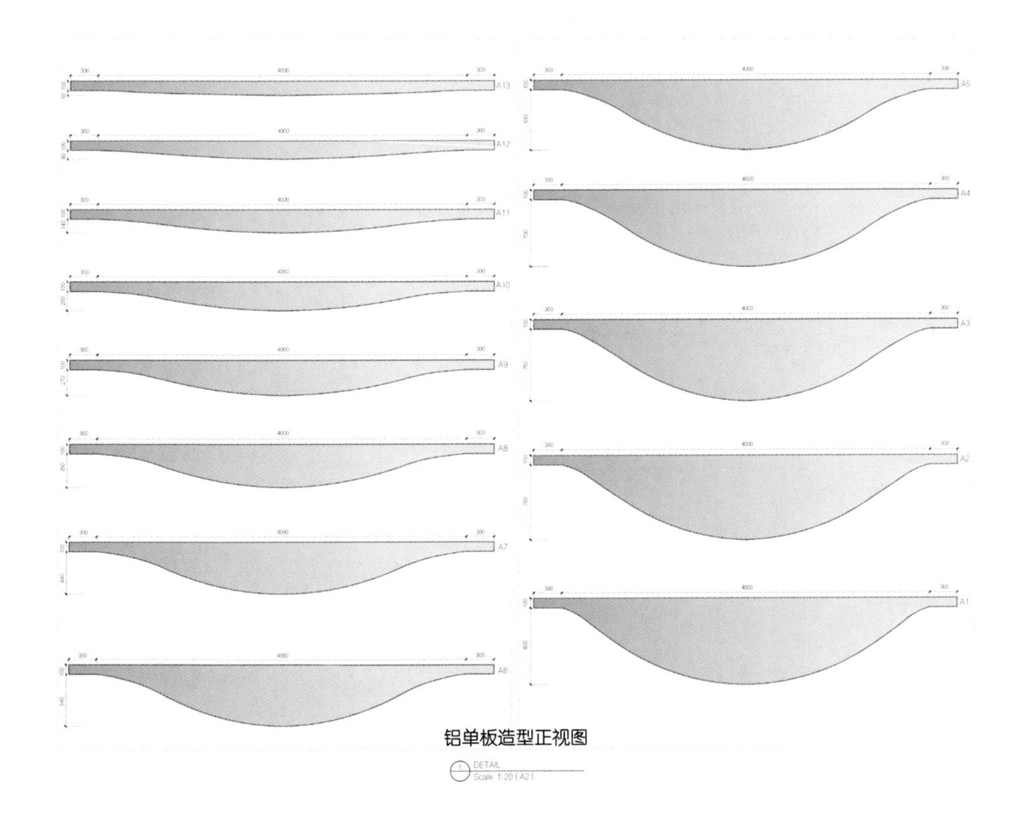

铝单板造型正视图

DETAIL
Scale 1:20 (A2)

一层中庭顶棚大样图

中庭空间增加了建筑的流畅感和流动性，内部空间以白色为主，地面则以彩色为主有活跃气氛的作用。中庭空间是孩子们最主要的交往场所，圆环路径，简单、统一，孩子们可以在明亮流畅的中庭肆意奔跑，也能让孩子们更自由自在地使用空间。

13- 内部立面
14- 走廊外部与内部

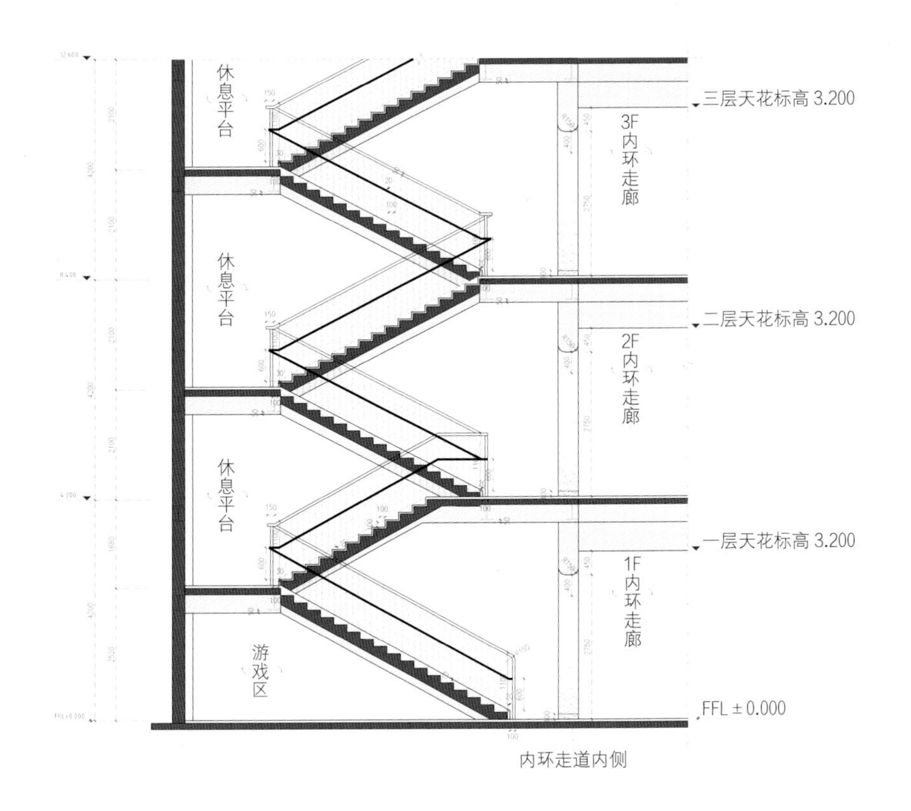

休息平台
三层天花标高 3.200
3F内环走廊
休息平台
二层天花标高 3.200
2F内环走廊
休息平台
一层天花标高 3.200
1F内环走廊
游戏区
FFL ± 0.000
内环走道内侧

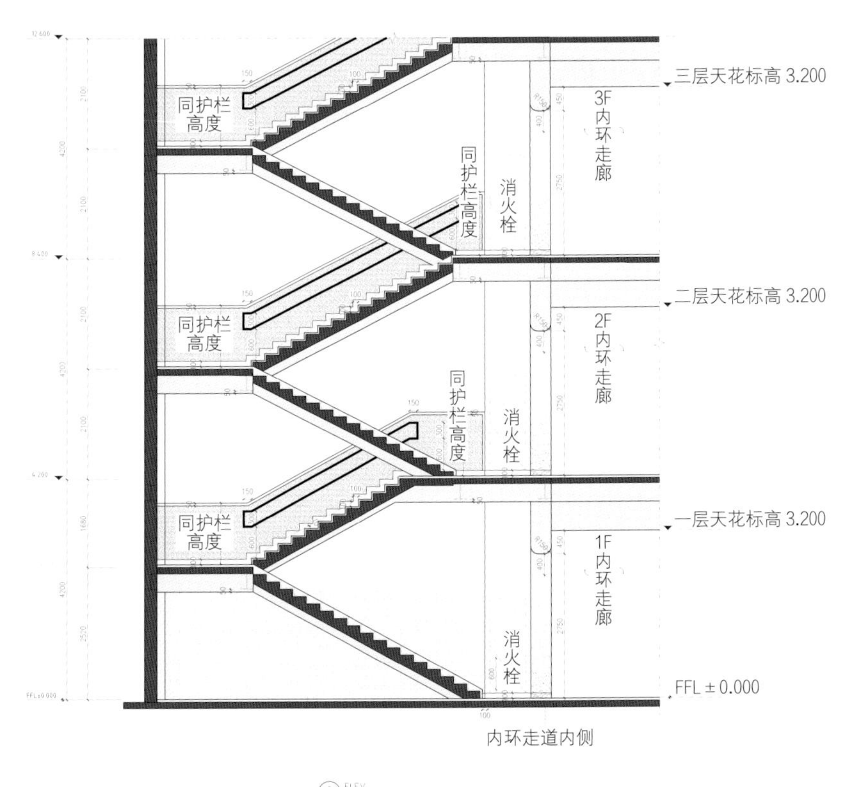

同护栏高度
三层天花标高 3.200
3F内环走廊
同护栏高度
消火栓
同护栏高度
二层天花标高 3.200
2F内环走廊
同护栏高度
消火栓
同护栏高度
一层天花标高 3.200
1F内环走廊
消火栓
FFL ± 0.000
内环走道内侧

楼梯间立面图

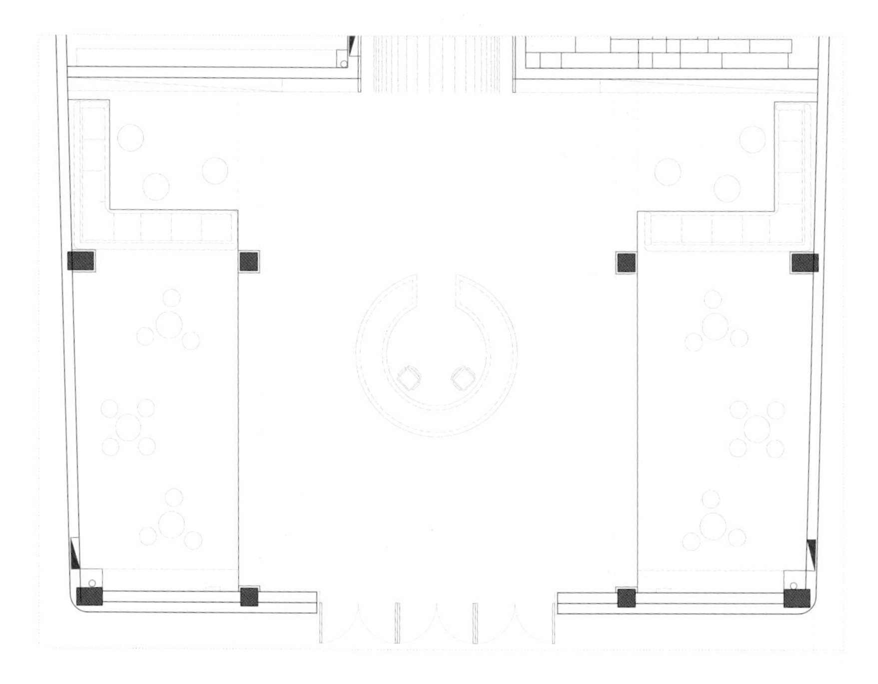

一层接待大厅平面布置图

15- 接待区
16- 科学发现室
17- 乐高室

三层科学室平面布置图

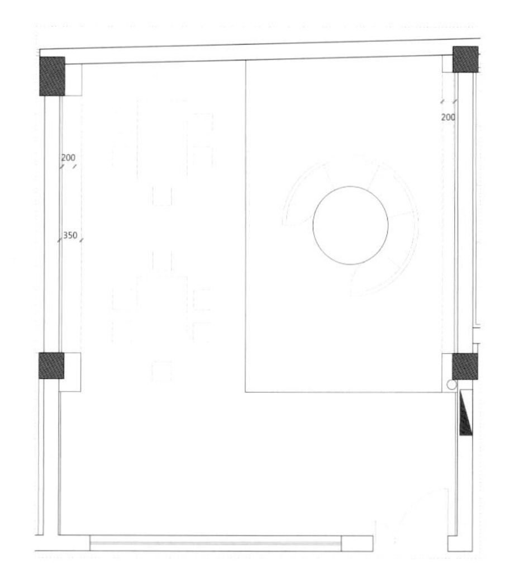

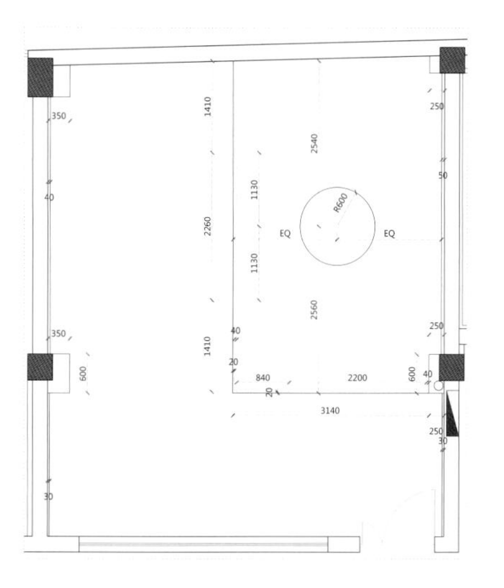

二层乐高室平面布置图 / 装饰资料图

18

施工过程图

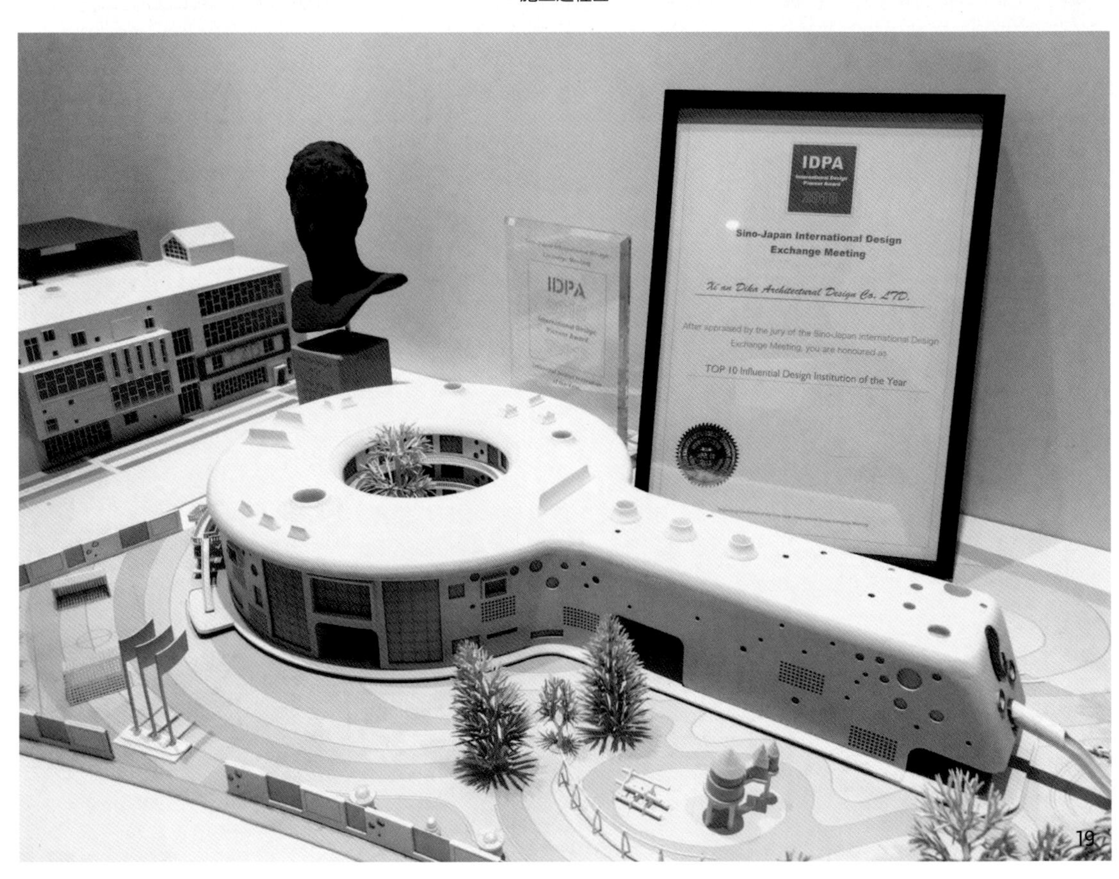
IDPA
Sino-Japan International Design
Exchange Meeting
Xi'an Dika Architectural Design Co. LTD.
After appraised by the jury of the Sino-Japan International Design
Exchange Meeting, you are honoured as
TOP 10 Influential Design Institution of the Year
IDPA
19

18- 与周围色彩形成对比
19- 建筑模型
20- 侧立面

20

设计师问答

1. 室内主要使用了什么装饰材料，为什么选择这种材料？

主要使用的材料是：钢、混凝土、玻璃。利用半透明的材质将空间划分出来，使空间彼此分隔，又能让孩子们感觉到有一定视线上的联系。用简单朴实的设计向孩子们展示出设计师和教育者的可持续性环保理念，此材料也便于校园清洁且安全环保。

2. 室内主要颜色的选择和搭配，营造了什么样的氛围？

室内采用的颜色主要是以原木色为主，白色为辅助色。设计团队将木色作为整个儿童室内空间的主要材料，因为它不仅能够给孩子们一种舒适感，更能起到划分空间的作用。温暖的木色调与白色的墙面顶棚和柜体相结合，在充足的自然光线下，营造出一个轻松的且适合孩子的成长氛围。

十堰 A+ 自然学前院

项目地点
湖北省十堰
建筑面积
6000m^2
设计公司
迪卡幼儿园设计中心
主持设计师
王俊宝 / 陈健 / 欧吉勇
刘蔚 / 张策 / 高鑫
设计团队
迪卡幼儿园设计中心团队
施工图深化
王鹏 / 上官静佩
效果图深化
杨茗 / 崔英楠
摄影
侯博文

项目设计及建造背景

此园所是基于现有的建筑物改造而成，是国内常见的小区配套园——拥有清晰的规划结构，简单的建筑外观，起初处于废墟状态。而不同的是，该项目的委托团队本身就是一个具有专业建筑设计师、室内设计师、服装设计师、机械工程设计师等非常专业的团队，这样的一个过程迪卡团队势必就要面临来自非常专业的挑战。

来自委托方满满的对于教育的情怀，以及他们希望这个幼儿园能够在它所处的环境中突显出其独特性和标志性，于是聘请了迪卡团队寻求更专业的建议。项目初期，设计师们就感到这个有着极大"教育情怀"的企业不应该简单地介入这片场地，它需要一些坚守，能够唤起一定的人文关怀，设计师与委托方在初期概念交流里共同讨论出了诸多相似的教育理念。委托方对于设计师是非常支持的，为项目能够达成最初的设计构想提供了最有力的保证，但即便如此，整个设计也充满了诸多困难和不确定性。

而今，随着建筑的建成和正式的投入使用，这个历经一年多设计和建造的幼儿园也开启了它真正的生命旅程，而这样的探索过程也是难得的经历。

1- 幼儿园与城市环境
2- 坡道漫步系统
3- 儿童中央广场

消防救援窗
消防救援窗

4

幼儿园基本概况

这所新建的幼儿园位于湖北十堰，是一所高端幼儿自然教育与品格成长的教育综合体。此建筑也是一个可以容纳非常多幼儿园学生的大规模学校，建筑占地6000m^2，设计师对白色的运用将校园外立面恢复到一种最基本且纯粹的状态，化繁为简，让光在空间中叙事。引导孩子们感受时间与空间的对话，穿梭在光与影之间。校园内部包含教室、午休室、多功能房间、卧室、儿童餐厅和办公室等主要功能空间，满足儿童日常活动所需。

学校秉承自然主义教育理念，注重儿童心理健康，品格成长教育，顺应儿童自然天性，开发潜能，让十堰孩子提升格局，走向世界。设计师希望孩子们的进入，可以令这个校园呈现出更为多样的姿态。“源于自然，自然而然”——迪卡用视觉语言勾勒给孩子天马行空的认知空间。

5

空间的构建

幼儿环境有着来越多的“奢华”，儿童身处的学习环境也有越来越重的“负担”。设计师开始思考，这个时候是不是应该做一点“减法”？于是，设计师决定从功能出发，以简单的几何体块构建空间，在点滴之间帮助孩子们找回某些失去的美好。

有戏剧空间效果的大型装置，是整个幼儿园的标志性入口，将广场上的孩子们引入装置内部，拾级而上，纯白色的外表给孩子们以简约氛围及清新明快之感。校园建筑从形体、尺度等不同都与周边的环境形成对话，中国幼儿教育市场的趣味也在一路前行。

4- 入口立面
5、6- 立面细部
7- 儿童中央广场全貌
8- 有戏剧空间效果的大型装置

9

学校鼓励孩子们快乐探险，让孩子们在休息玩耍的同时感受艺术与教育的价值意义。无隔断的运用打破空间封闭性，恢复了空间的自由度，最大限度保证看护关系。外面的景色对于廊道上的孩子来说是也是一副移动的画面，户外活动平台也成为幼儿活动拓展空间。

设计中加入了大量的室外平台、廊道等元素，设计师设计出了为孩子们遮风挡雨的户外场地，打破常规，在功能的排布上也尽可能地使空间连贯。长廊同样也是一个装置艺术，孩子们穿行其中，嬉戏追逐，往返廊道之间，趣味盎然。

10

11

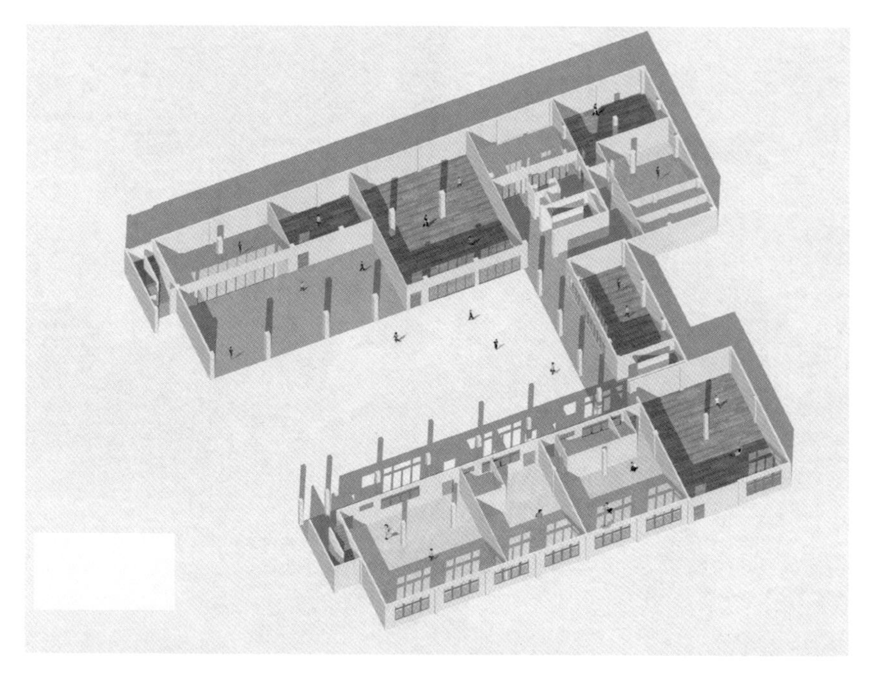

负一层空间布局图

9- 适于儿童的趣味景观
10- 户外活动平台——鼓励孩子们快乐探险
11- 遮风挡雨的户外场地
12- 位于幼儿园中央趣味广场

13

14

15

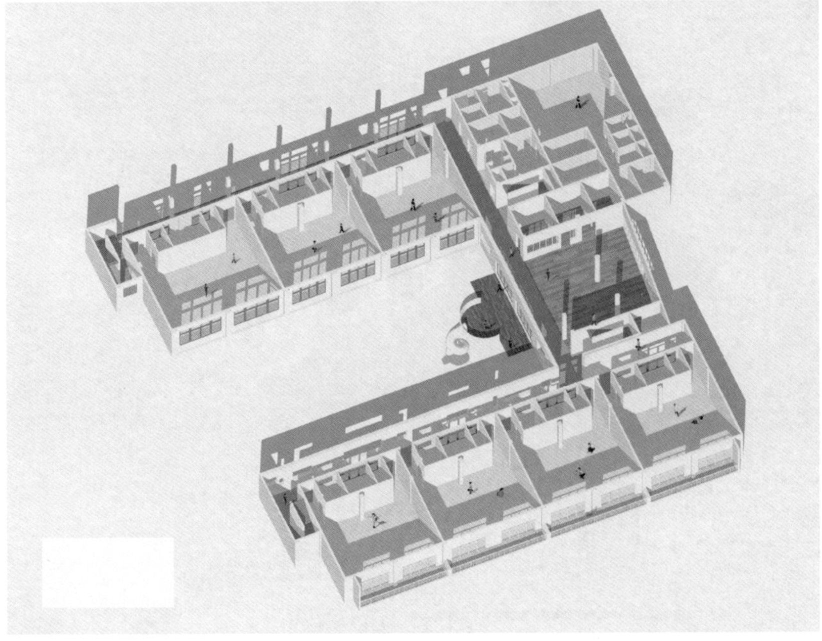

一层空间布局图

13- 阳光散射入建筑的核心区域
14- 入口兼父母等候区
15- 柔软舒适的细节以及充满趣味的学习空间
16- 阅读空间

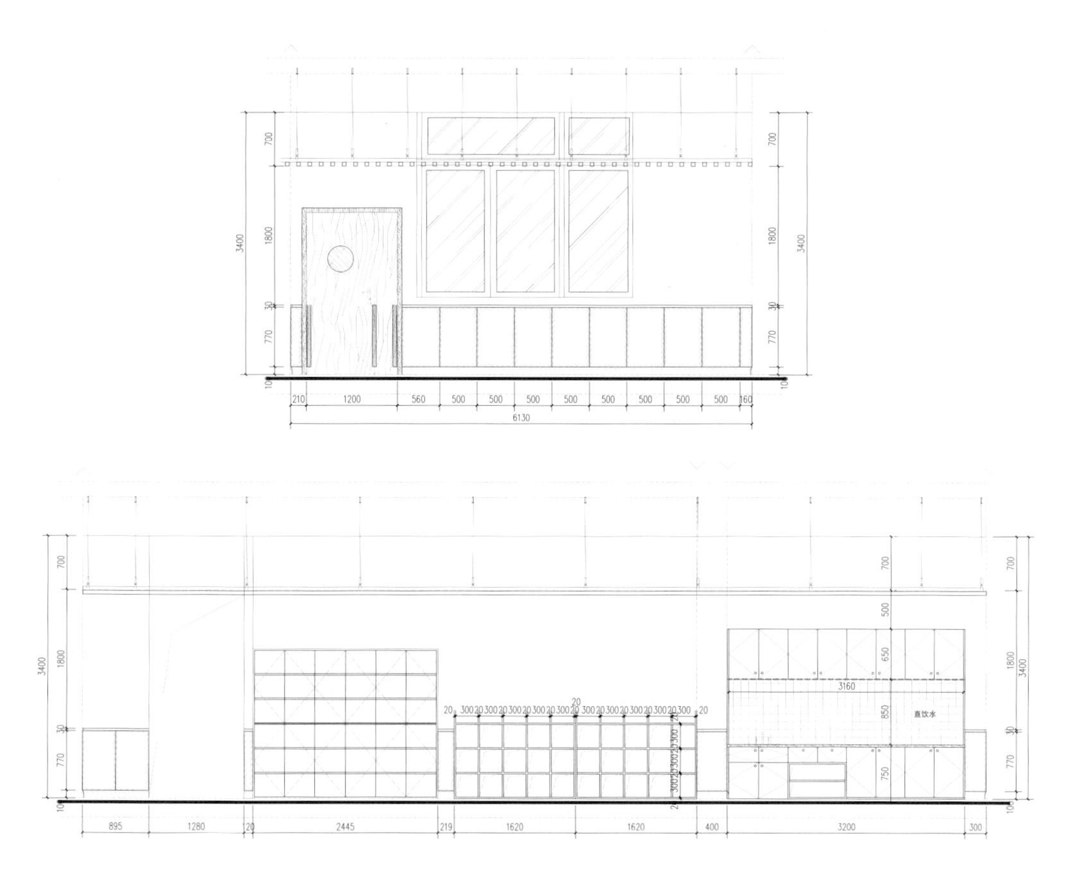

一层幼托活动室立面图

空间主要采用木色和白色色调，明亮且温暖，所有的室内空间都以幼儿的视角作为主要的设计参考因素。在室内也同样享有充足的自然光线，玩耍的孩童非常享受属于自己的空间，这是一个可以为孩子们带来乐趣的空间，也确保了孩子们的舒适体验。

17- 儿童“活力”攀岩室

18- 教学与游戏空间遍及每个角落

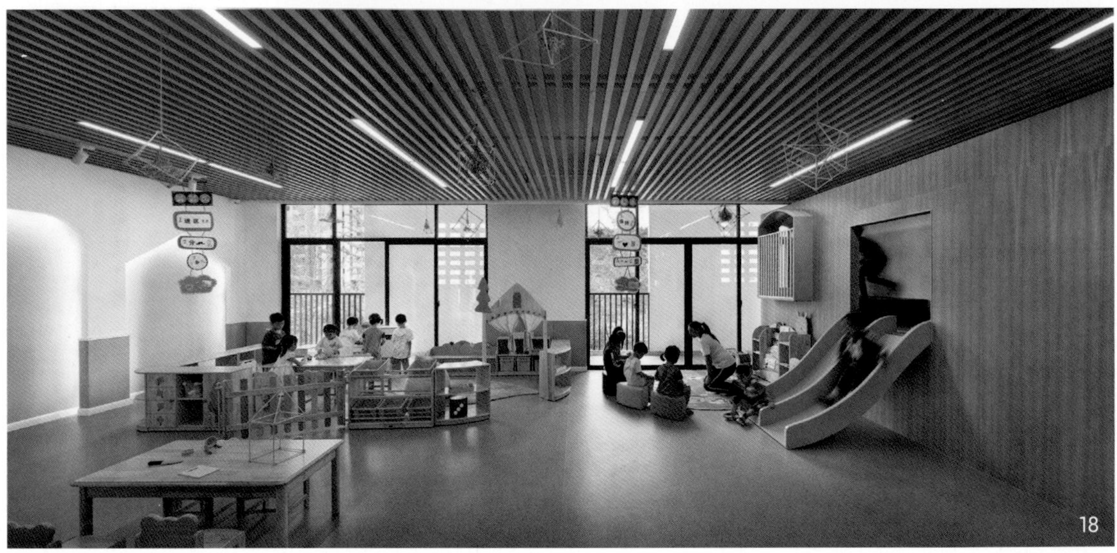

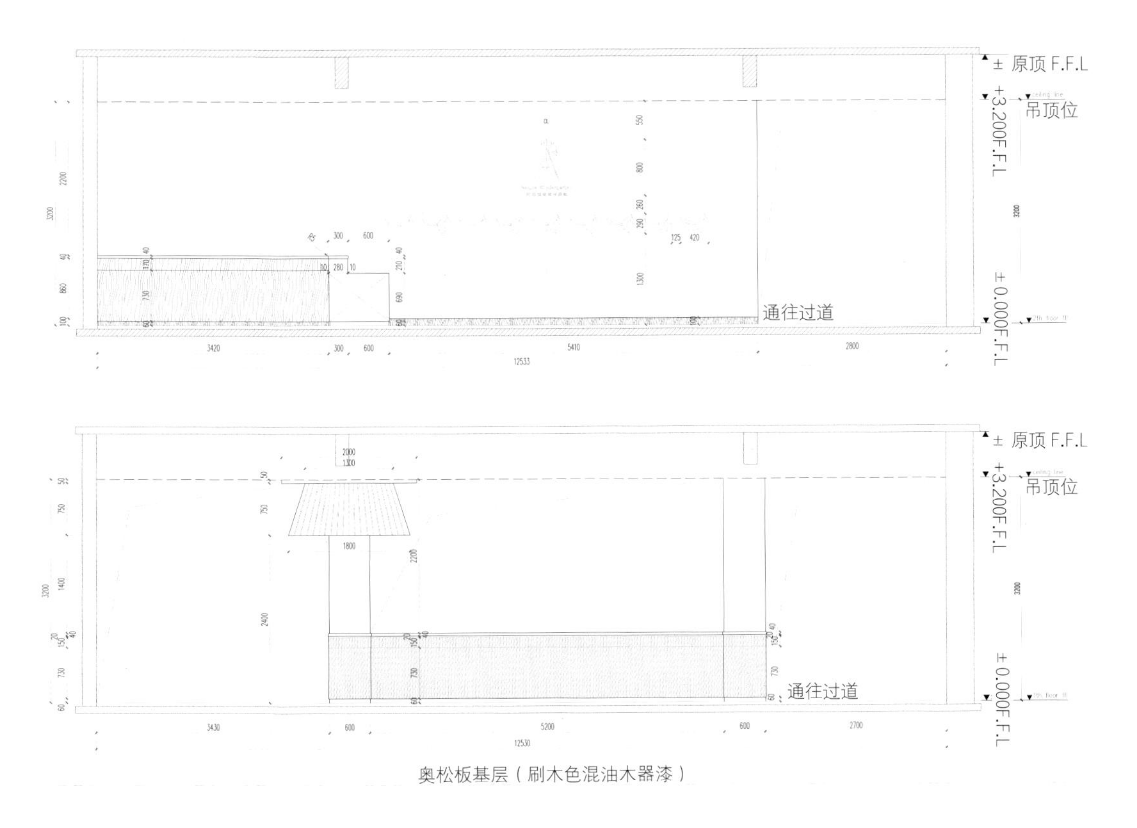

二层走廊立面图

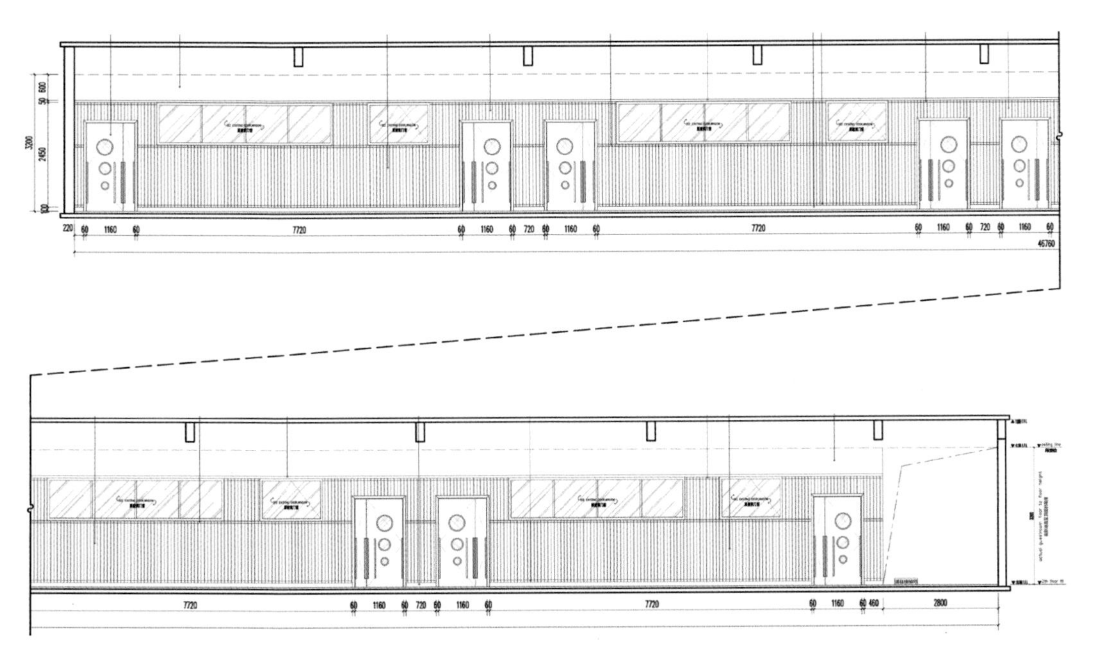

二层走廊立面图

学校为了弥补国学教育的缺失，专门设立了国学室，不仅可以为孩子们学习专业知识，设计师也设计出为孩子们增加舒适的空间。错落有致的造型直接地刺激学童对立体空间的感知，更为他们社交中仁爱、智慧人格的形成提供了更多可能。

19

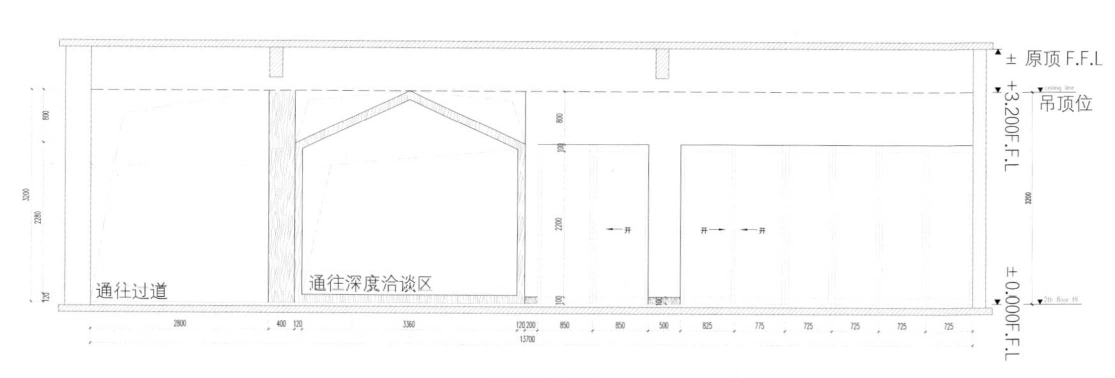

二层走廊立面图

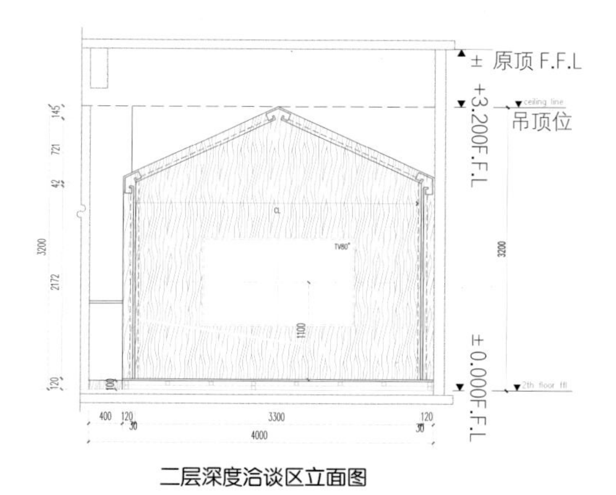

二层深度洽谈区立面图

施工过程图

19- 国学教室
20- 有戏剧空间效果的大型装置，是整个幼儿园的标志性入口

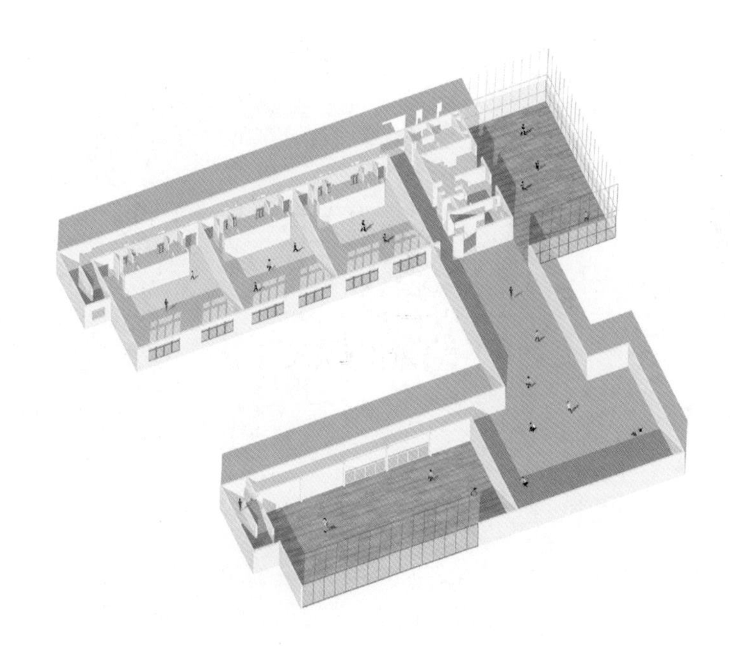

三层空间布局图

21- 公共活动空间
22- 儿童中央广场趣味装置

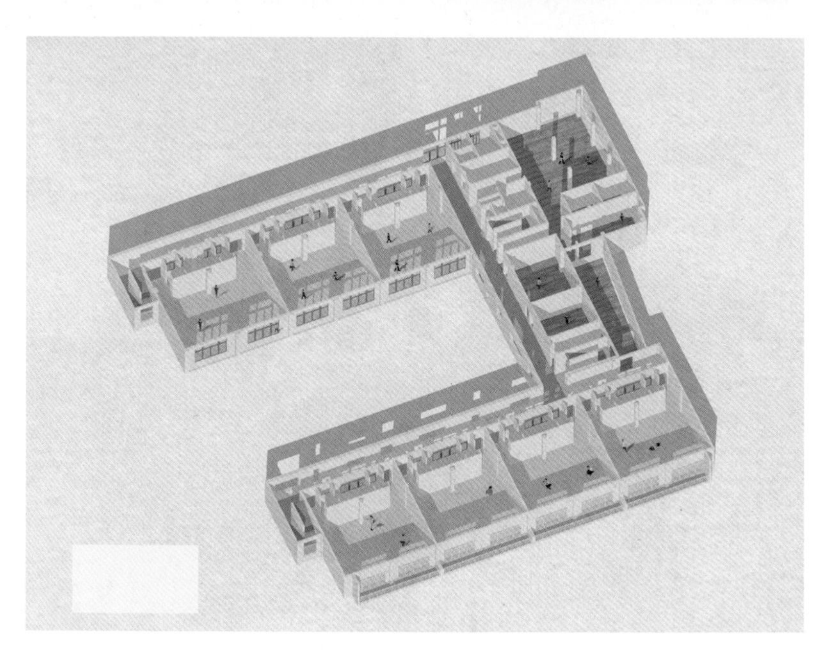

二层空间布局图

22

设计师问答

1. 室内主要使用了什么装饰材料，为什么选择这种材料？

主要使用的材料是：木材、钢、混凝土、玻璃。学校为了保证给孩子们提供充足的自然光线，可以让光线通过玻璃窗照射进来，将常用材料创新性地结合起来，增加了各空间的通透与开敞明亮性，从而也增加更深层次的功能，突破周边环境和建筑空间的双重限制，设计师希望为孩子们创造出一个健康、环保的可持续性成长空间。

2. 室内主要颜色的选择和搭配，营造了什么样的氛围？

空间主要采用木色和白色色调，明亮且温暖，所有的室内空间都以幼儿的视角作为主要的设计参考因素，在室内也同样享有充足的自然光线。在玩耍的孩童非常享受属于自己的空间，这是一个可以为孩子们带来乐趣的空间，也确保了孩子们的舒适体验。将儿童空间恢复到了一种最基本且纯粹的状态，化繁为简，也给孩子们以简约氛围及清新明快之感。

天津和美婴童国际幼儿园

项目地点
天津市
建筑面积
7000m²
设计公司
迪卡幼儿园设计中心
主持设计师
王俊宝 / 傅会明 / 欧吉勇
陈健 / 旷文胜 /KUN
施工图深化
张琪 / 旷文胜 / 王鹏
效果图深化
吴林 / 王东平
崔英楠 / 欧阳山
摄影
侯博文

项目建造背景

和美婴童国际幼儿园是基于现有的建筑物改造而成，由一个进出口贸易中心改造而来——拥有清晰的规划结构，简单的建筑外观，起初处于废墟状态。经过漫长的实地勘察、测绘等诸多信息，设计师们试图呈现打破边界，将自然的元素以一种非自然的形式表达，尝试寻找关于此幼儿园的无限可能。幼儿园坐落在天津市西青区中北镇外环西路与芥园西道交口，辐射西青、南开、红桥三区，交通便利，地理位置优越。园所建筑面积 15000m²，户外活动场地 9000m²，是天津市目前最大的国际幼儿园。

1- 建筑鸟瞰图
2- 建筑立面
3- 建筑侧外观

3

色彩的使用

虽然整个幼儿园室外只使用了蓝、黄、橙三种颜色，但强烈的色彩对比和形状冲突，让幼儿园布局显得设计概念感十足。此幼儿园室外的设计更是一场生活态度与艺术的邂逅，用无限想象力创造了一个无尽的空间。透过光影艺术表现对于美的无限幻想和无尽的创造之美。

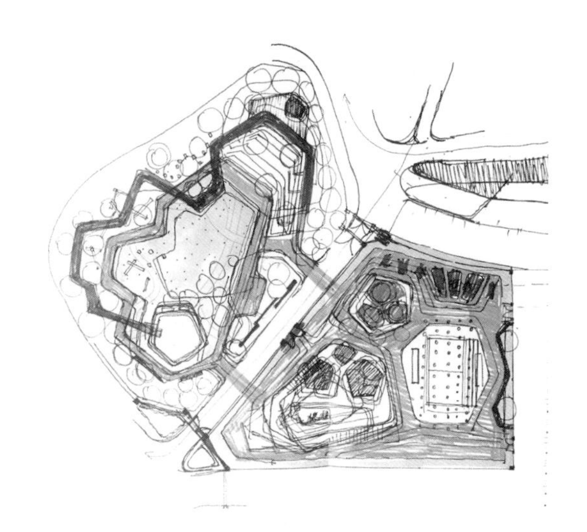

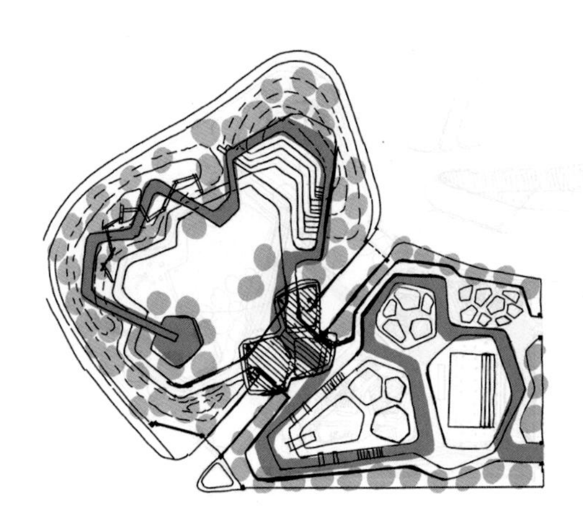

设计生成草稿图

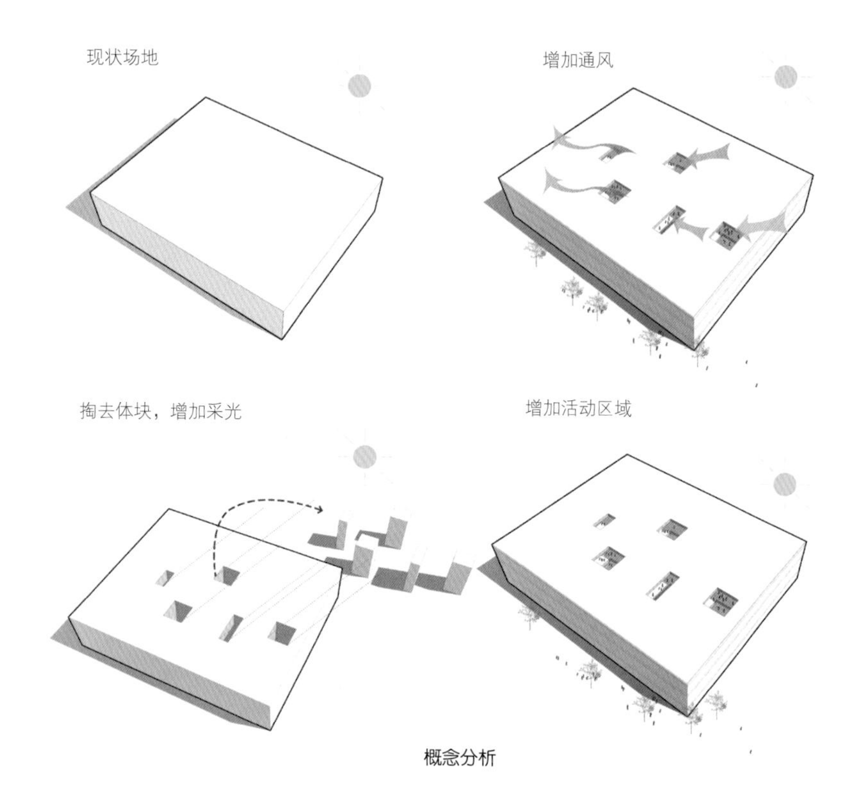

概念分析

建筑立面及外观设计

培训楼整体的规划通过设计以大气沉稳又极富层次感的线性设计打造，极为吸睛的标志性轮廓，借由这体量分割划分出此空间的功能区域，让步入空间的方式形成递进、转换层次的变化。

4- 鸟瞰图
5- 鸟瞰局部图

项目位置关系图

6- 校园外立面

每一个窗子都代表了一个“梦”，此幼儿园的建筑外形，通过大大小小的、高高低低的窗子布局，让一道道阳光透过窗子打进来，与大厅内象征太阳的造型设计遥相呼应，相得益彰。当孩子们站在楼顶俯瞰，建筑、人文、自然都以不规则的多变形区域呈现，互相分离又紧密相依，这也是一所孩子们的精神栖所。

室外空间布局图

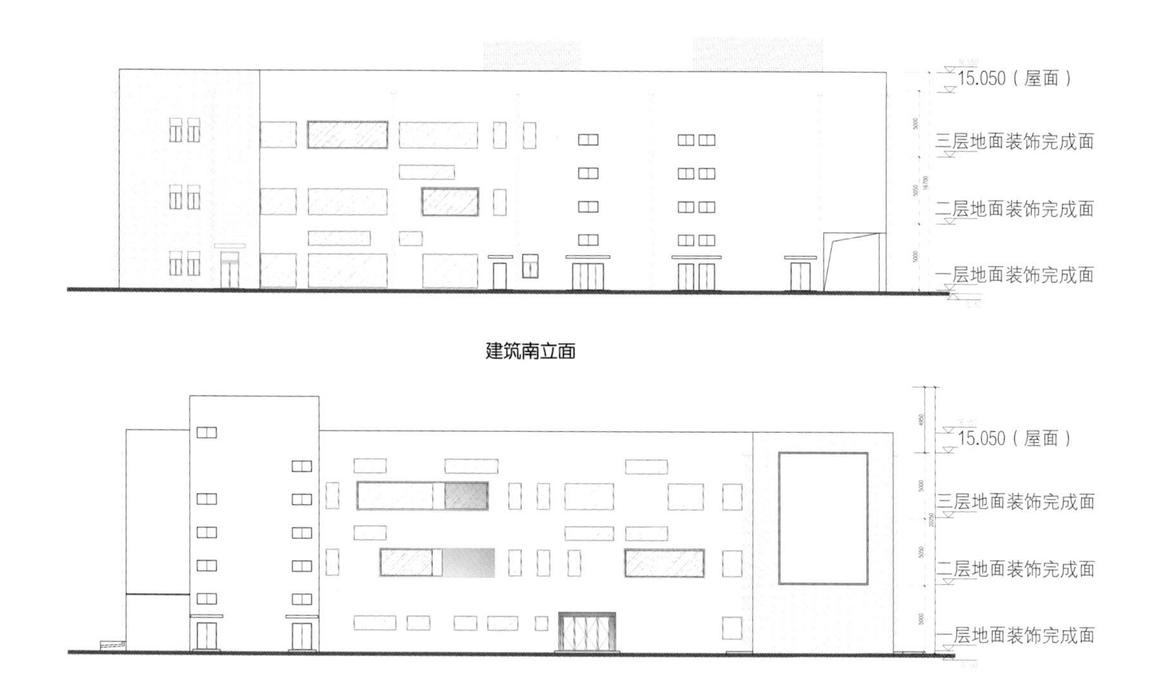

建筑南立面

建筑北立面

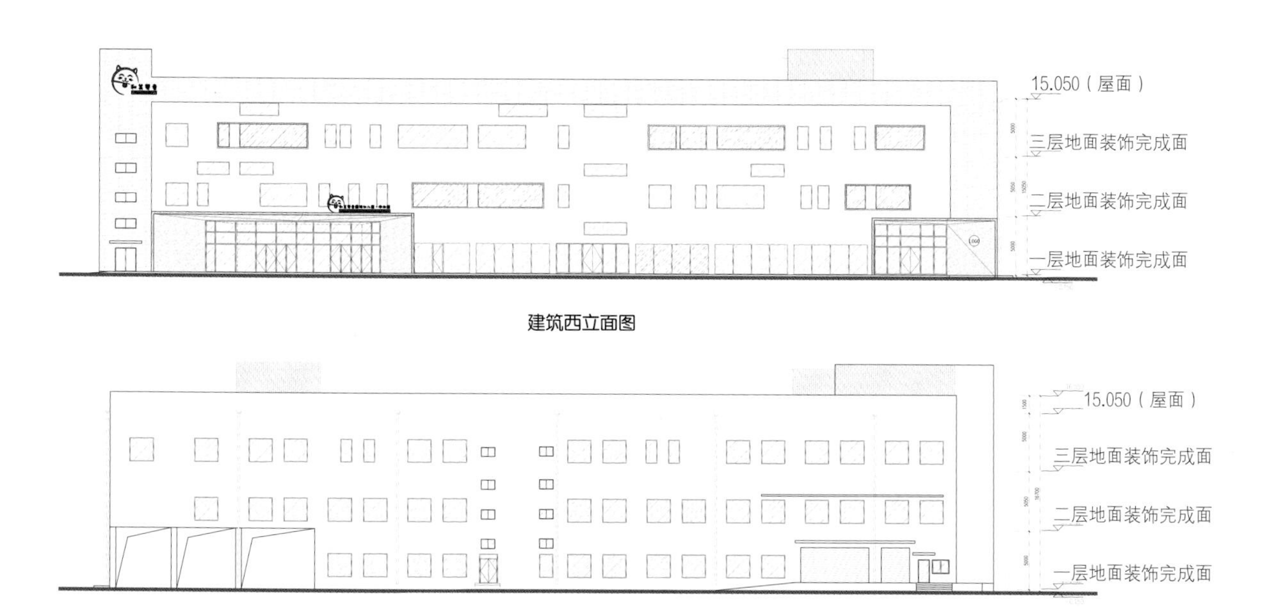

建筑西立面图

建筑东立面图

7

室内设计

入口处的中庭设计感十足，以前台处立柱为中心的照明系统将室内照明设施的作用发挥到了极致。玻璃天窗模糊了室内外边界，使得幼儿园室内外空间交融对话。室内游乐装置为孩子们提供了充足的娱乐空间，尽享无忧无虑的童年时光。

7- 接待中庭区
8- 入口儿童游戏区
9- 绘本体验区

8

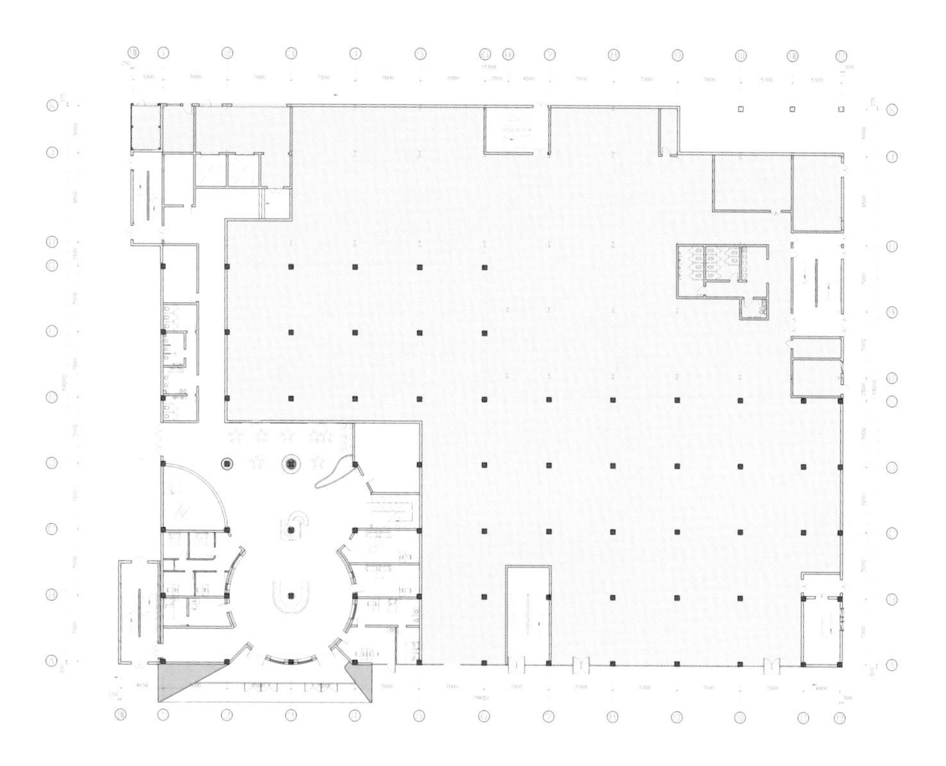

室内一层公共空间

宽敞明亮的音乐教室和舞蹈教室为孩子们的艺术学习提供了优质的环境。室内多采用简单质朴的木质材料，寓意回归自然本真的主题，将幼儿园与自然美好的小事物集结在一起。回归一切色彩的本源，从本心出发，设计师们用无色之色，探寻幼儿园最原始的魅力，至纯至性。摒弃以往幼儿园中常见的斑斓彩色，以白色为主基调，少许绿植作点缀，隐隐透着春天的气息，干净而纯粹的空间给予视野无限的放空与遐想。

10- 游戏区
11- 大型游戏装置
12、13- 内外交融
14- 儿童运动游戏区

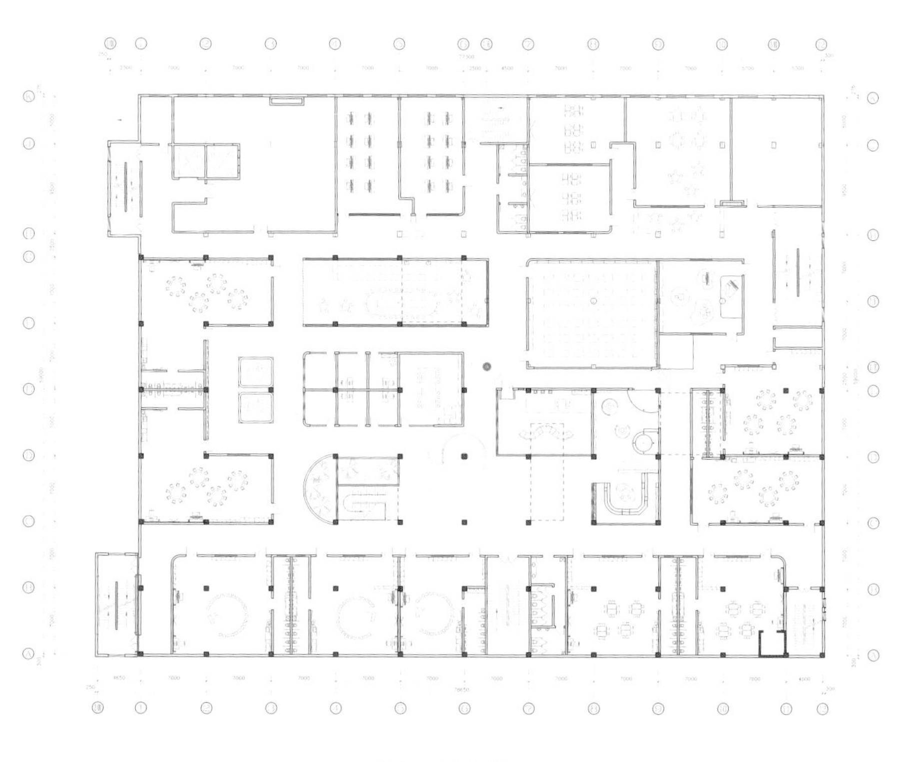

室内二层公共空间

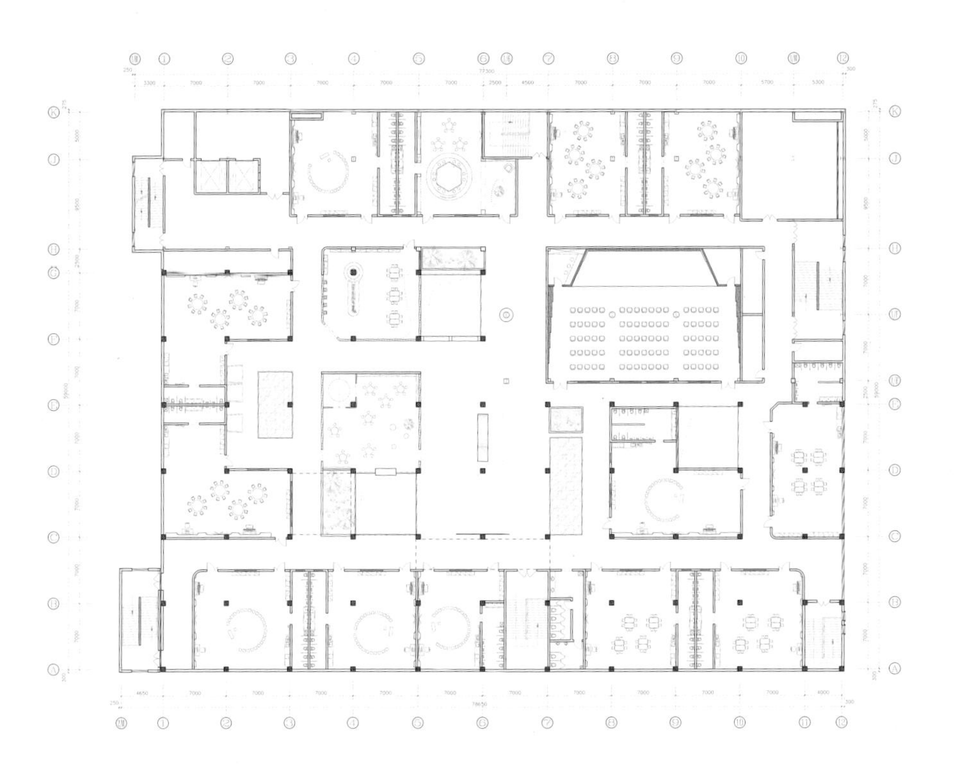

室内三层公共空间

园区种植系统也可以称为学校教给孩子们的一项课程。此区域也仍然是很好的装饰物。一年中，种植区域将跟随季节的推移、植物的选择和生长周期的变化，发生巨大的改变。

15- 幼儿教室
16- 园区种植系统
17- 公共走廊

设计师寄语

从虚幻到现实，从追寻到化茧成蝶，万物生长的力量总让人充满惊喜和期待。设计团队一直在追寻孩子“蓬勃生长”的力量，此力量超越视觉本身。希望孩子们能在最有朝气的年纪，在自由舒适的氛围中蓬勃生长。

18

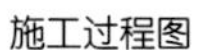
施工过程图

施工前

18- 廊道
19- 儿童户外游乐区

设计师问答

1. 室内主要使用了什么装饰材料，为什么选择这种材料？

室内主要使用的是乳胶漆、实木、木纹饰面板、玻璃砖、铝方通、局部软包等。设计力求回归自然，包括形式上以及环保上——可持续发展、儿童空间的塑造带动了整个设计。

2. 室内主要颜色的选择和搭配，营造了什么样的氛围？

主要使用了白色和木色，局部点缀橙色和蓝色，营造了一个舒适明亮活泼且安静的校园空间，室内还大量地用到了绿植加入自然色彩及生命，让植物于墙上仿如绿色笔触。营造一种室内花园的感觉，更关注孩子们与自然，孩子们与空间的关系，一种氛围而非空间本身的实体感。

合肥皖投万科天下艺境幼儿园

项目地点
安徽省合肥市新站区
场地面积
12500m^2
建筑面积
6300m^2
室内面积
1240m^2
业主管理团队
任鹏飞 / 蒋海棠 / 檀香
王东方 / 王辉 / 蒋玉琪
设计公司
上海天华建筑设计有限公司
主持设计师
聂欣
设计团队
高俊宁 / 路晓彤 / 曹祯
段向南 / 许琦伟 / 廖源
景观设计
澳派景观设计工作室
室内设计
香港峻佳设计公司
施工图设计
安徽省建筑设计研究院有限公司
摄影
聂欣
成都存在建筑摄影有限公司
廖贵衡

项目建立背景

皖投万科天下艺境位于合肥瑶海区的新站开发区，天下艺境立项之初，就定位要建造一个有特色的全龄社区、陪伴人生轻松快乐成长的大家园，并决定以一座幼儿园来作为启动示范区。在幼儿园里进行销售展示，在“人生进入社会的首个机构”的独特场所中，以一种前所未有的轻松姿态，让所有人对未来生活有一个最初始的感官认知。示范区也会如每个人一样，在人生不同阶段扮演不同的角色，前期作为销售展示空间，随着居民入住和生活的开启，则回归服务社区的幼儿园的本来面目，陪同社区一代代人共同成长。

打造孩子眼中的童话式建筑

幼儿园设置了 15 个班级，可为 450 个儿童提供幼教服务。设计伊始，设计师们便从幼儿画作里提炼出孩童眼中的建筑语言特征：坡顶形体界面简单易辨，大小不一的门窗洞口清晰，色彩斑斓，屋子里行为满富幻想！

设计师们以 7 个活泼布局的生活单元界定出的庭院空间，围绕别致独特的音体教室和树屋般的游戏空间而展开的生活场所，还原了孩提时代的世界。这个幼儿园“脱去装饰”“抛开礼数”，只有尖尖的两坡屋顶，方方的窗和大大的庭院。出乎意料的是，原来站在孩子的角度设计出来的建筑，竟是如此的清雅可爱。一个个挨挤在一起的小房子，正像是一群手拉手做游戏的小朋友。

1- 设计手稿图
2- 中央共享空间外观
3- 旋转树梯实景图

3

4

建筑外观的表达

4- 单元的灰白体量对比
5- 实景鸟瞰

建筑应成为行为的容器，为生活提供舞台，应克制而谦和，应为生活留下不确定性，而非喧宾夺主地由建筑支配生活和行为。生活的灵动多元不是建筑设计能够全面涵盖的，过犹不及，设计留白留给生活为建筑画上鲜活的点睛之笔。

在孩童的眼里，世界总是多彩的。但设计团队希望主要的建筑语汇背景是“留白”——7个灰白相间的生活单元、白色音体教室界定出庭院，这样在一个纯粹的背景建筑空间中，分列于音体教室的两边底侧设置了两排彩色的转筒，希望孩子们能在他们感觉舒适的高度下，亲手尽情地涂抹出他们心中的斑斓。

为了让幼儿园呈现质朴、简洁的“留白”形象，材料的选择做到尽量干净整洁。外墙体大面选用了白色和灰色质感涂料，施工工艺细节上为无接缝处理，使得一个个小房子体块更具整体化。灰白颜色的对比在视觉上带来冲击，颜色本身也与体块的虚实对比相呼应，张弛而有节奏。

材料质感上也强化对比，在灰色房子底面上覆盖了竖条装饰铝方管，就如铅笔画一样在灰色的房子上打了一层精致的浅色影，使得建筑更加细腻立体，又带有金属质感，别致新颖。栏杆与女儿墙设计一体化，同样选用灰色竖条铝管，在立面形式上呈现出纯粹干净的模样。

模型

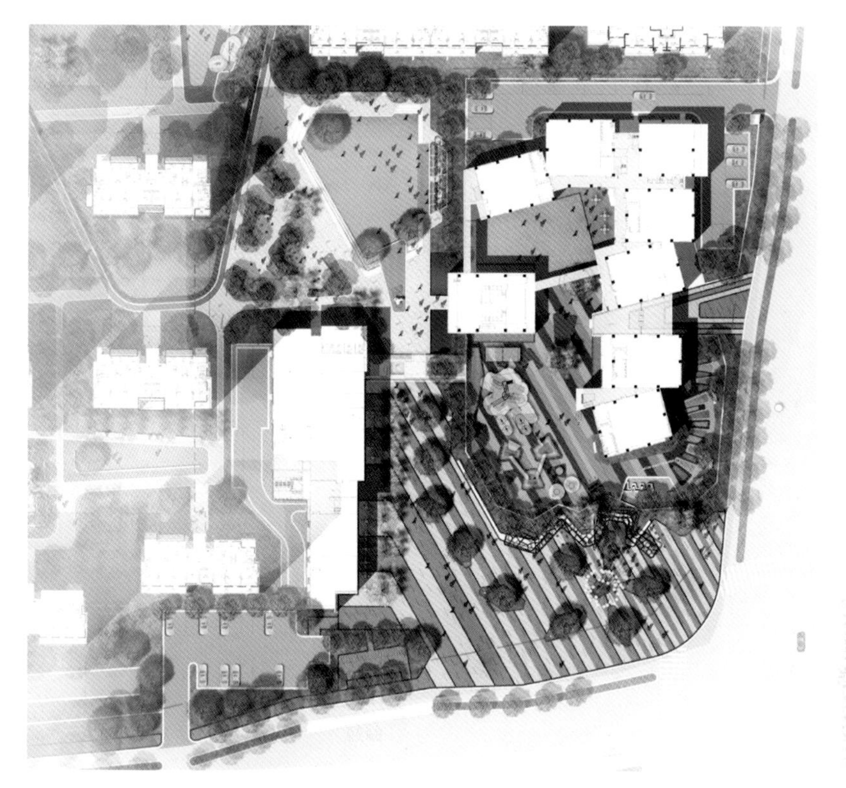

总平面图

6

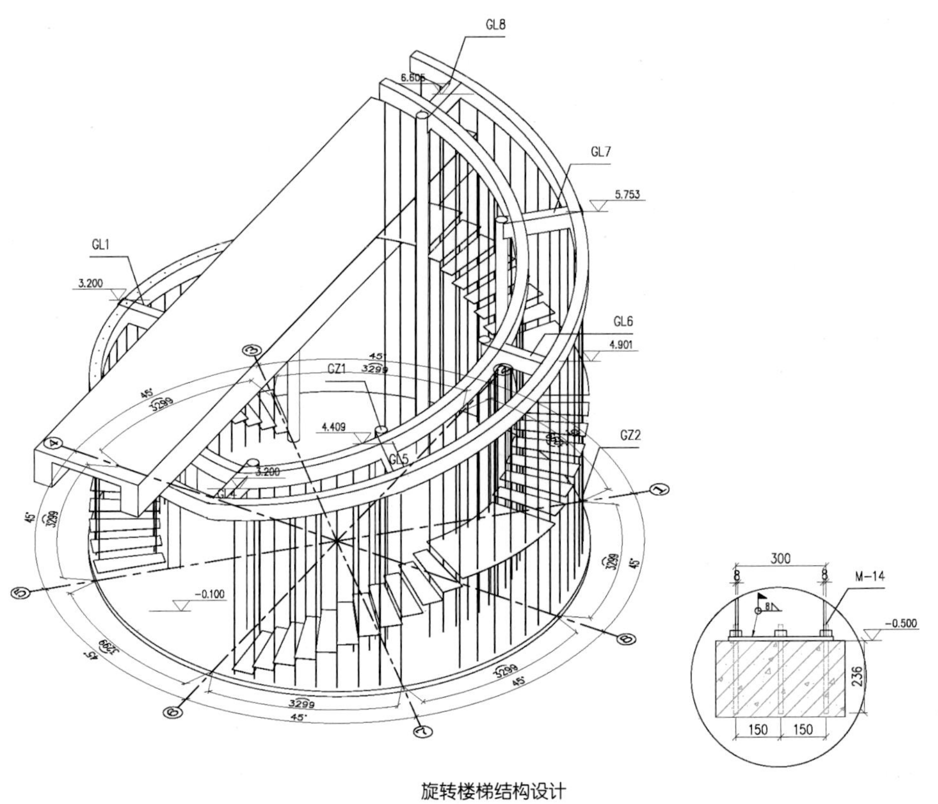
GL8
6.605
GL7
5.753
GL1
3.200
GL6
4.901
GZ1
4.409
GL5
3.200
GL4
GZ2
-0.100
3299
45°
300
8
8
M-14
-0.500
236
150
150

旋转楼梯结构设计

6- 趣味装置旋转楼梯
7- 旋转树梯夜景

孩子们喜欢用身体去感知时间和空间，他们喜欢用手从一排栏杆的一端依次摸过每一根，如果漏掉了某根可能还会返回重新摸一下才作罢。在幼儿园中，栏杆的元素不断出现，仿若跳动的琴弦演奏着节奏和旋律，丰富了建筑的表情，让孩子们可以触摸，也可以看阳光穿过栏杆形成的影子的“舞蹈”。在幼儿园场地的中央，环绕一棵树形奇特的乔木设置了一座特征鲜明极富趣味的“旋转树梯”联系南北两块公共场地。希望这个造型奇特的小小的室外楼梯能让孩童们乐于参与玩耍，形成一个他们自己能够从小建立“社交友谊”的积极场所。围绕着树形成的高差变幻和环形空间，形成活动集中的空间焦点，也以动态空间为班级到班级的均质空间创造更多趣味性与流动性。走廊上或挑出或围绕建筑的露台和廊道，创造出很多非交通性质的路径，让孩子们可以从不同角度感知空间的变幻，也让孩子们可以观看其他班级、在雨天可以用手来触摸雨滴。

8- 入园
9- 口袋公园空间中心
10、11- 音体室

活动空间设计

当进入到幼儿园内部，设计师们试图建立一种奇妙的空间穿越感受：由大尺度的外部空间进入到小尺度的内部庭院，仿佛进一步经历一个尺度缩小的过程——成人回到孩童，孩童进入童话。

口袋公园空间中心是幼儿园音体教室，是一个两层通高的纯净建筑，在场所中心舒适端庄。设计摈弃使用中心高塔形制的传统手法，一方面场所没有必要塑造庄重而带来的压迫感，另一方面，在空间上反而显得亲切与通透。音体教室演绎舞台的背景通透敞亮穿透到室外，大面的落地玻璃朝向社区入口，更可让公园里的景观尽情渗透入教室。设计的巧妙在于，书架、展台、墙面、陈列饰物都以白色的视觉展现，在弱化空间界限性的同时，这种留白的处理也让来访者有另一番体验。设计师认为，这其实是每个人心灵的房间，他们希望来访者凭借内心的回忆为空间添上颜色，也让人在不同区域体验后，感受色彩的对比。地台的设计创意即取材自儿时的玩具“七巧板”，它是空间富有设计感的装置，也是孩子的滑梯；云石呈现为不规则三角形；中间圆形人造石平台，加入互动装置投影，人站在上面可以与光影追逐，这种互动性体验，让来访者更快被带入设计师所营造的氛围中。

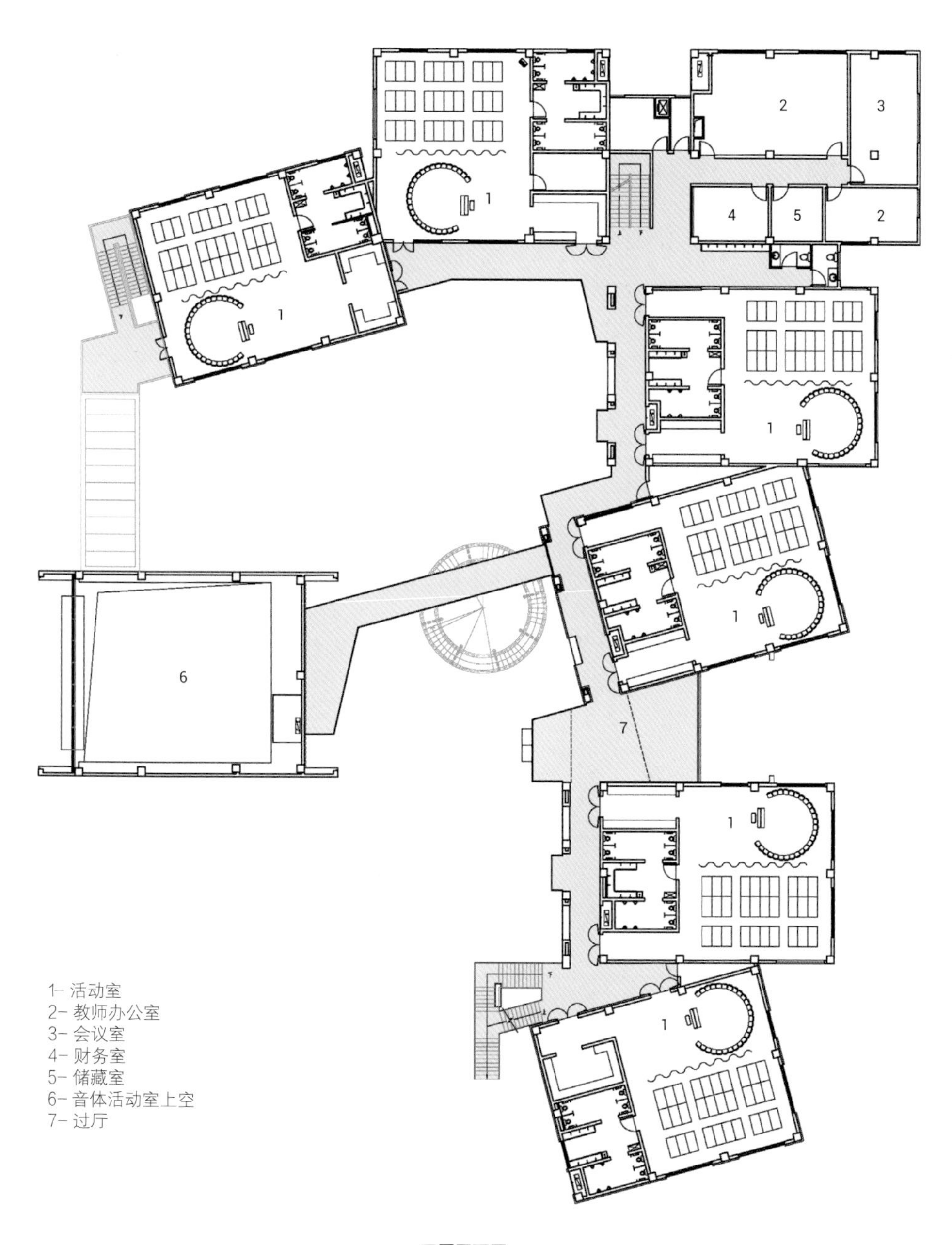

二层平面图

穿过连廊，进入沙盘区，这是整个园区的销售展示中心，于设计师而言，最重要的是实现设计创意和销售氛围之间的平衡。每个孩子心中都留存着美好的梦想，由童话到童画，设计师让孩子参与了创作。由儿童手绘的图案演化成现有顶棚吊灯的原型，太阳、云朵、彩虹、音符，还有童年的纸飞机……是让人有联想又有趣的发现。为了呈现最佳效果，光是测试了不同材质吊灯和效果，就花了两个月的时间，最终以透明亚克力结合LED灯带，变成现有吊灯设计。这些生活中简单的图案元素以一种返朴归真的方式，呈现了对于未来家园的畅想。

展开剖立面图

轴展开立面图

经过弧形大门，由沙盘区走入洽谈区，同样以大面积落地玻璃引入园区自然景观。空间背景中彩色半透明布帘设计，源于对童年一家人在野外放风筝的温馨联想。风筝透明的羽翼飘在空中，有各式花色。户外光照透过布帘照进来，是不同颜色的光。洽谈区之外，通过主题格调统一的概念围柱、楼梯，半隔出专属于孩子的多功能互动区。这里，设计师想要设计一个富有梦幻色彩的空间。刘易斯的童话故事《爱丽丝梦游仙境》成为空间设计启发。设计师在空间中引入富有童话色彩的装置，形状奇特的树，树般大小的松鼠，再搭配互动性旋转楼梯，孩子可以在这里充满好奇地探索，与空间互动。这是属于孩子们的游戏区，双向的空间视野让处于交谈中的父母和玩耍中的孩子彼此拥有安心的感觉。防撞无尖角的设计更多地考虑了儿童在空间中的活动安全，让他们尽情玩耍的同时，家长也能够在旁安心休憩或洽谈。弧形也是空间设计的重要元素，包括门顶、把手及卫生间的镜，充满趣味和联想性，同时也延伸出整体空间温暖柔软的感觉。

儿童教室与儿童互动区是一个相互区隔又联合的整体，既是源于“教”与“玩”本来就是一个有机结合的整体，又延伸放大了整个空间视觉感受。概念书架、桌椅、背景墙，像空间中的一个个装置，搭建出一个学习的“城堡”。造型可爱的桌椅与携带童年记忆的玩具整齐分布于空间中，又通过有效的空间布局，留出较大的活动空间，交际、学习、游乐结合在一起，这才是属于孩子体验成长的方式。

12- 沙盘区
13- 洽谈区
14、15- 儿童教室

16- 幼儿园活动场地
17- 夜晚回归静谧的幼儿园庭院

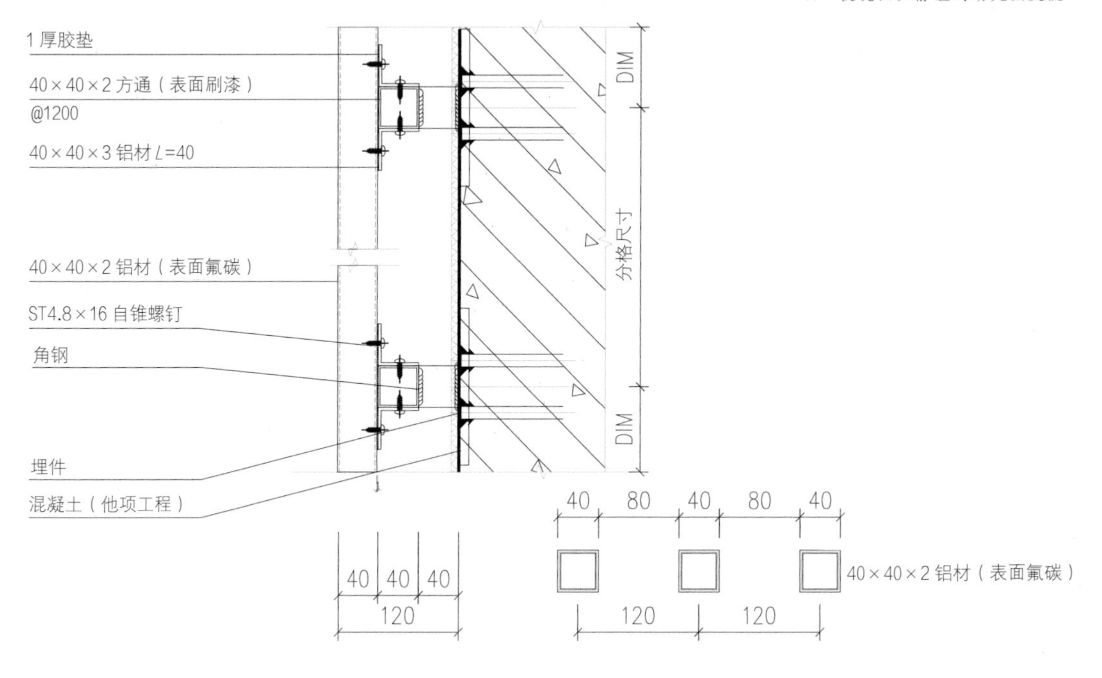

节点图

设计师寄语

3岁后幼儿能够感受线条、形状、色彩、光线、空间、张力等要素组成的形象，能够感受音乐中的旋律，节奏感、旋律感也会表现在他们绘画的色彩搭配与构图等方面，开始有了审美的能力，也对于空间有了感知力。幼儿园的设计希望给孩子们创造一个可以感知世界的秘密基地。

设计师问答

1. 室内主要使用了什么装饰材料，为什么选择这种材料？

在材料使用中，首先是以木作为基础背景材料，来创造一种自然温暖的空间质感，在此之上，通过更多的细节和特色设计来传递对于美好生活的营造、对儿童的关心和保护。在这个空间中，设计了很多弧形造型，有的是用弧形铝板，有的则用到了软包，选用这些材质是想确保儿童在空间中能够更加安全自由地活动，这是前期设计和材料选择中考虑的重要因素。同时作为一个艺术、美学主题的空间，以“色彩”作为关键设计要素，来表达对艺术和美的理解。在这个空间中设计了很多不同颜色的造型装饰，因而烤漆的应用比例较大，比如入口大堂背景墙用到的就是白色铝管，通过创造出一个以颜色为主导的空间，区别于传统以木色为主导的设计，贴合了空间的艺术主题。其他材料，如布料、皮革等的应用，包括在家具挑选上，尽量以圆角设计为主，不仅实现了空间视觉体验上的美感，这种出于对孩子保护的设计，也能让大人非常安心。

2. 室内主要颜色的选择和搭配，营造了什么样的氛围？

整体空间上，大范围使用落地玻璃，敞开式的空间设计最大程度将园区景观与自然光线引入室内，融合室内材质、颜色的使用，以自然明亮和富有层次变化的色调搭配设计，共同营造出明媚温暖的空间感受，打造成大家愿意停留的一个理想家园场所。

在具体的颜色应用设计上，在明亮温暖的主调基础上，通过适当的留白和对比手法，从日常生活及童话故事中汲取灵感，让空间变得富有故事性和启发感。如入口大堂处，书架、 展台、墙面、陈列饰物都以白色的视觉展现，在弱化空间界限性的同时，这种留白的处理也让来访者产生异于日常的情境体验。这其实是设计师呈现给每个人的“心灵的房间”，来访者可以凭借内心的回忆为空间添上颜色，也让人在不同区域体验后，感受色彩和心理情绪的变化。中心的地台设计，创意取材自儿时的玩具“七巧板”，整体白与黄的搭配，让空间变得富有层次感。在洽谈区，空间背景中彩色半透明布帘设计，其实源于对童年一家人在野外放风筝的温馨联想，各式花色，户外光照透过布帘照进来，是不同颜色的光。洽谈区之外，围柱和旋转楼梯半隔出专属于孩子的多功能互动区。这里，则以主调绿色配合其他颜色，设计出一个富有梦幻色彩的空间，灵感正是源于童话故事《爱丽丝梦游仙境》，可以吸引孩子在这里充满好奇地探索，与空间互动。儿童游乐区、洗手间等，有很多细节色彩的搭配应用，都是对空间整体故事和氛围的烘托，延伸出整体梦幻、温暖柔软的体验氛围。

旭辉甜甜圈幼儿园

项目地点
合肥市肥西县翡翠路与青年路的交叉路口
场地面积
6200m²
建筑面积
4172m²
室内面积
900m²
设计公司
上海天华建筑设计有限公司
主持设计师
季欣
设计团队
葛加琪 / 陈之问 / 叶化舟
黄华海 / 陈茜 / 任诗轩
徐若涵 / 鲍芳汀 / 朱仕达
室内设计
ENJOYDESIGN 燕语堂
景观设计
广州山水比德设计股份有限公司
摄影
刘松恺 / 冯建 / 南西摄影 / 季欣
业主
皖赣旭辉

区位布局

旭辉甜甜圈幼儿园位于安徽省合肥市肥西县翡翠路与青年路的交叉路口。作为皖赣旭辉开发的幼儿园，前期具备示范区的展示和销售功能，后期则交付政府成为公立幼儿园。为了避免交叉路口等周边消极因素对于幼儿园的使用产生不利影响，整体设计采用了围合式的形态布局。旭辉甜甜圈幼儿园是孩子们独有的体验空间。设计师用开放包容的建筑以及连绵起伏的屋顶活动平台塑造了一个一体化的童趣天地，守护着孩子们纯真烂漫的内心世界，赋予了孩子们天马行空的想象力。

内包式入口空间与多维度活动流线

进入幼儿园时，孩子们即从家庭环境中转换到校园环境，因此入口空间更应注重幼儿的心理关怀。幼儿园的整体体量相对克制，并未撑满整个场地，而是给入口部分留有一定的余地。内包形式的入口在满足家长接送功能的同时更强调父母有足够的空间等待和告别，在孩子们面临的环境转换中起到过渡作用，且避免未来高峰时期给场地交通带来压力。步入幼儿园后，可以感受到设计师试图在有限空间内创造尽可能多维度的活动流线。一方面能与周边活动流线完美接轨，另一方面也呵护了孩子们天马行空的想象力和无拘无束的行动力。

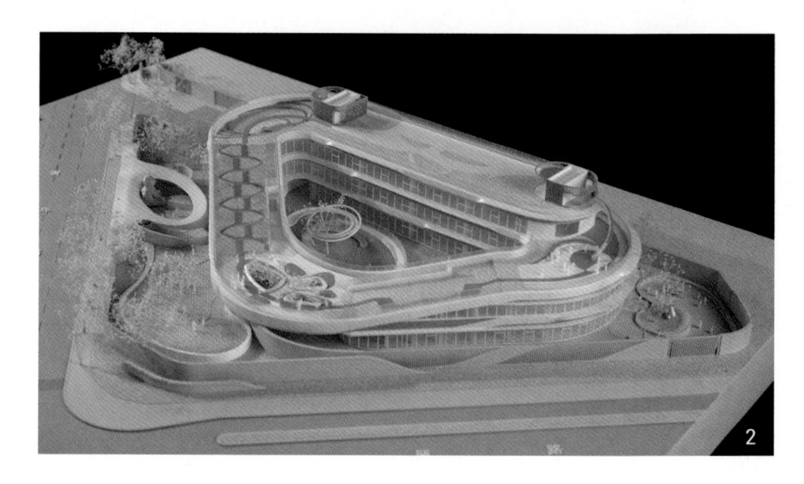

1- 顶视
2- 模型
3- 门厅

4

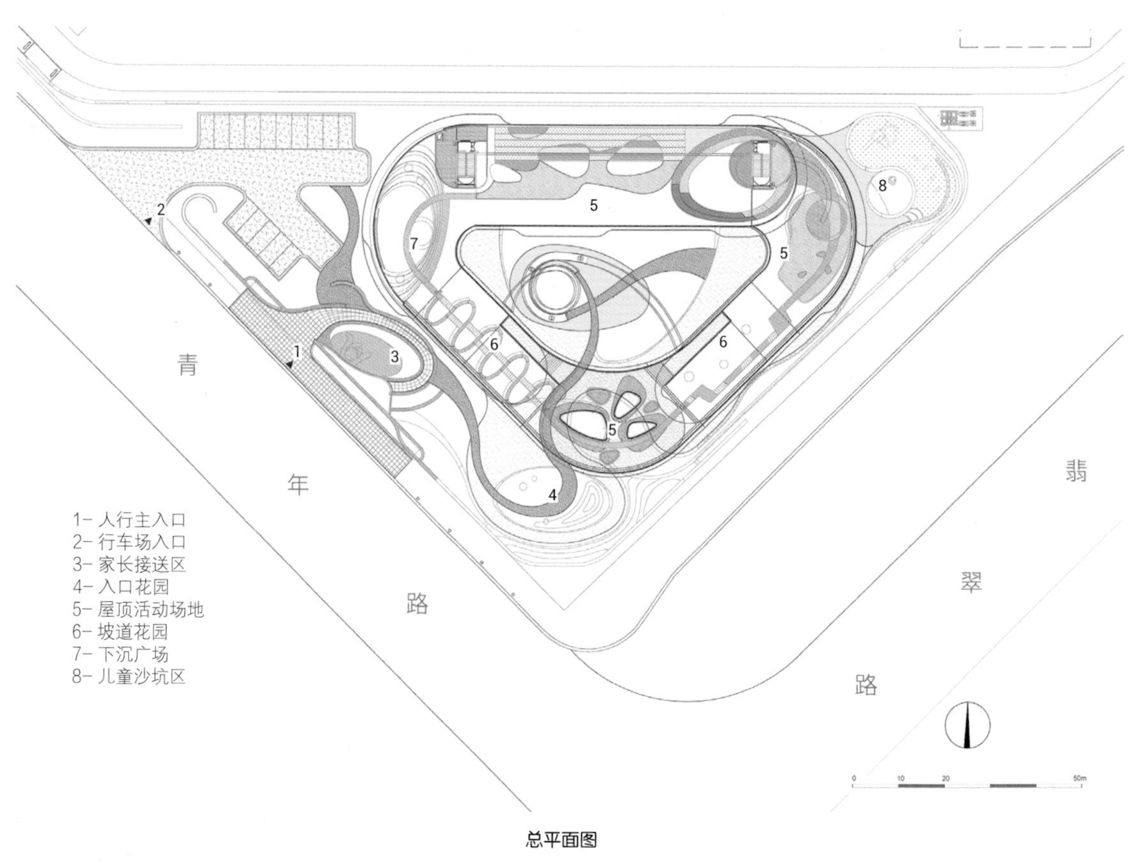
1
2
3
4
5
5
5
6
6
7
8
青
年
路
翡
翠
路
1- 人行主入口
2- 行车场入口
3- 家长接送区
4- 入口花园
5- 屋顶活动场地
6- 坡道花园
7- 下沉广场
8- 儿童沙坑区
0
10
20
50m

总平面图

4- 鸟瞰
5- 外圈铝板

材料赋能造型

通过白色铝板在表面的流动和扭转，建筑立面在观感上显得流畅且富有韵律。木纹转印的铝板作为衬托，为建筑进一步增添了温暖和细腻的氛围。双曲铝板在深化过程中做了充分的优化，以此实现了模块化的加工和建筑表现力之间的平衡。而扶手采用的雾化玻璃为连续的屋面勾勒出兼顾安全与诗意的边界。

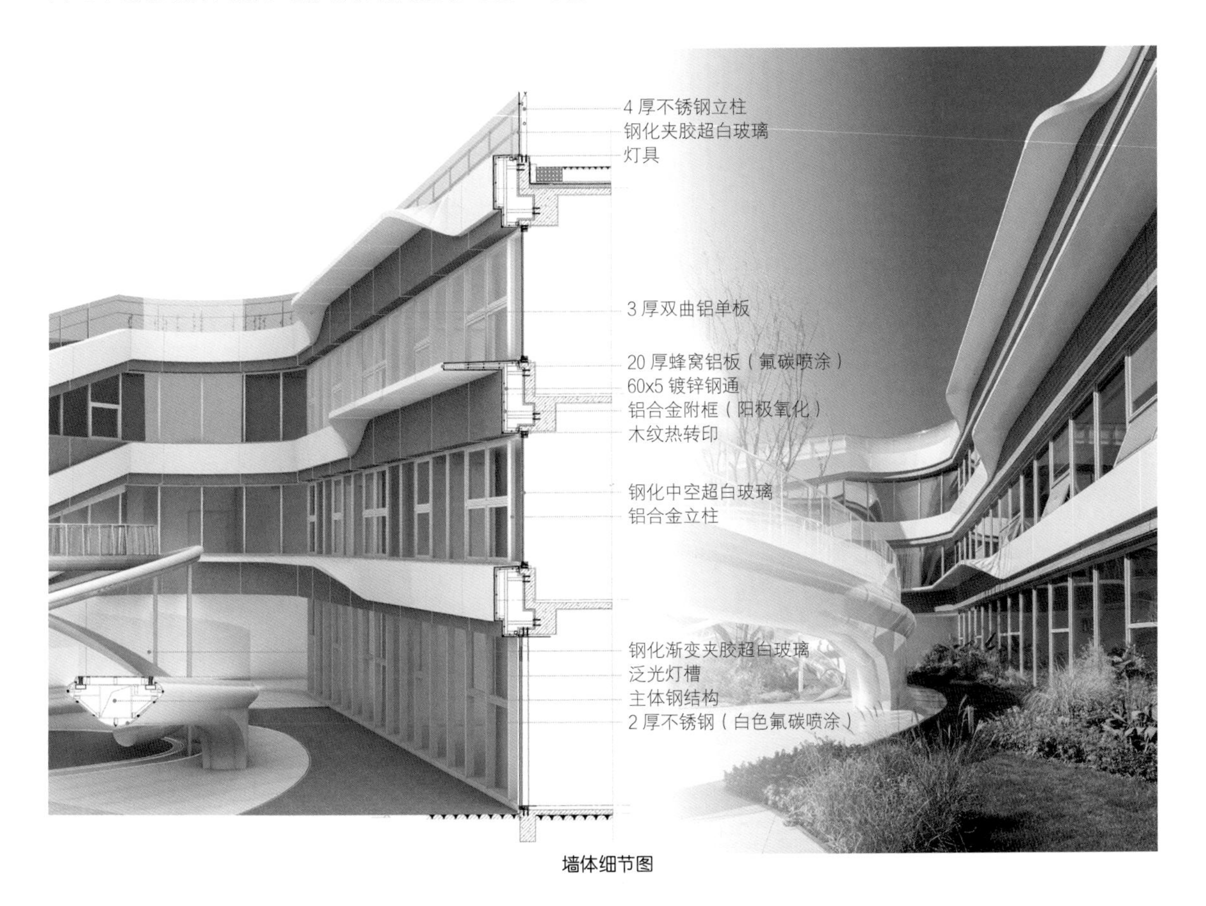

墙体细节图

日照与功能空间

考虑到孩子们活动中所需的日照时间，建筑内部布局采用了单边廊道，保证室内自然采光及通风的效率最大化。北侧朝南的3层体量被设置为12个班级的主要教学空间，两侧逐渐跌落，分别附以其他功能用房。

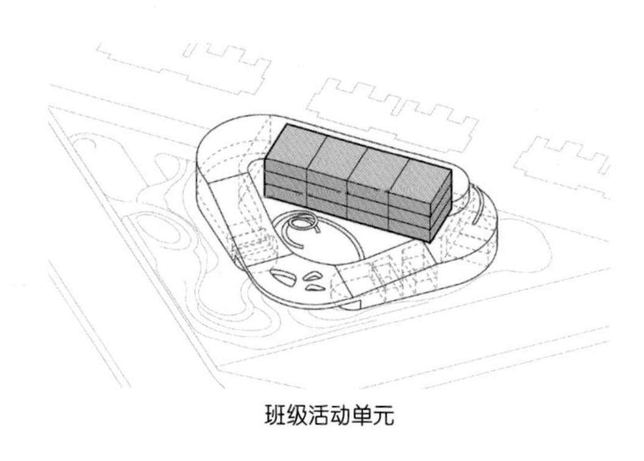

班级活动单元

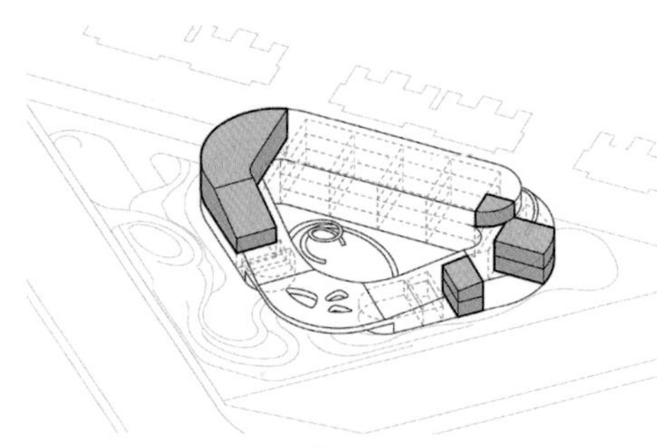

幼儿活动用房

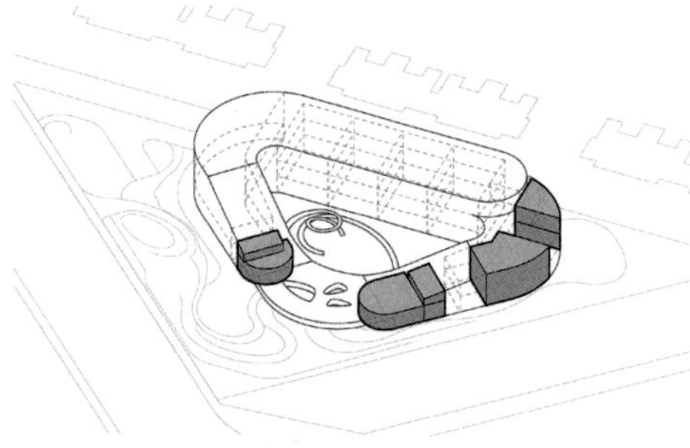

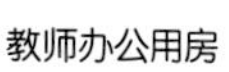

教师办公用房

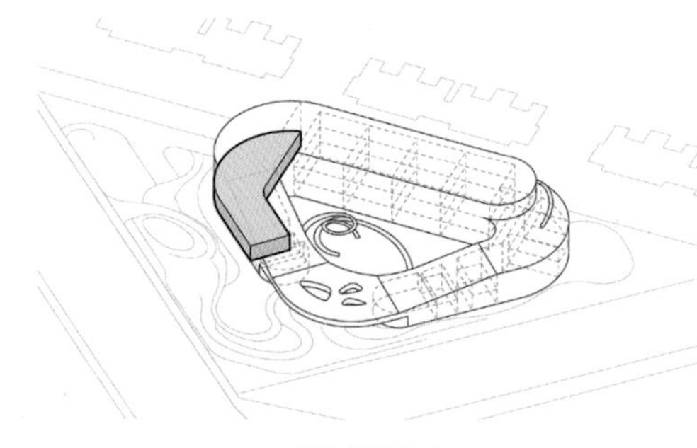

后勤保障用房

6- 内立面与飞廊
7- 滑梯与飞廊
8- 中庭飞廊与滑梯

多样的立体交通布局

孩子们的心灵场所是通过现实世界的经验和想象力一起交织建设的，因此设计师希望能用大树来承载孩子的童年自然感知记忆，用立体的交通布置来帮助孩子如麻雀般在大树中享受飞翔的快乐，进而激发孩子们的想象力。孩子们可以从首层的中庭攀爬飞廊来到二层，通过二层的开洞和下面的伙伴打招呼，再坐滑梯回到首层；或是穿过斜坡花园来到顶楼，再坐滑梯回到二层。

8

屋顶活动平台

整体形态在不同的方位由不同高度的坡道整合，串通二层以及三层的屋顶，创造了一个连续的屋顶活动平台。孩子们在各层享受到室外活动场地的同时，可以不知不觉玩到下一层或者上一层，与更多的朋友交流互动。

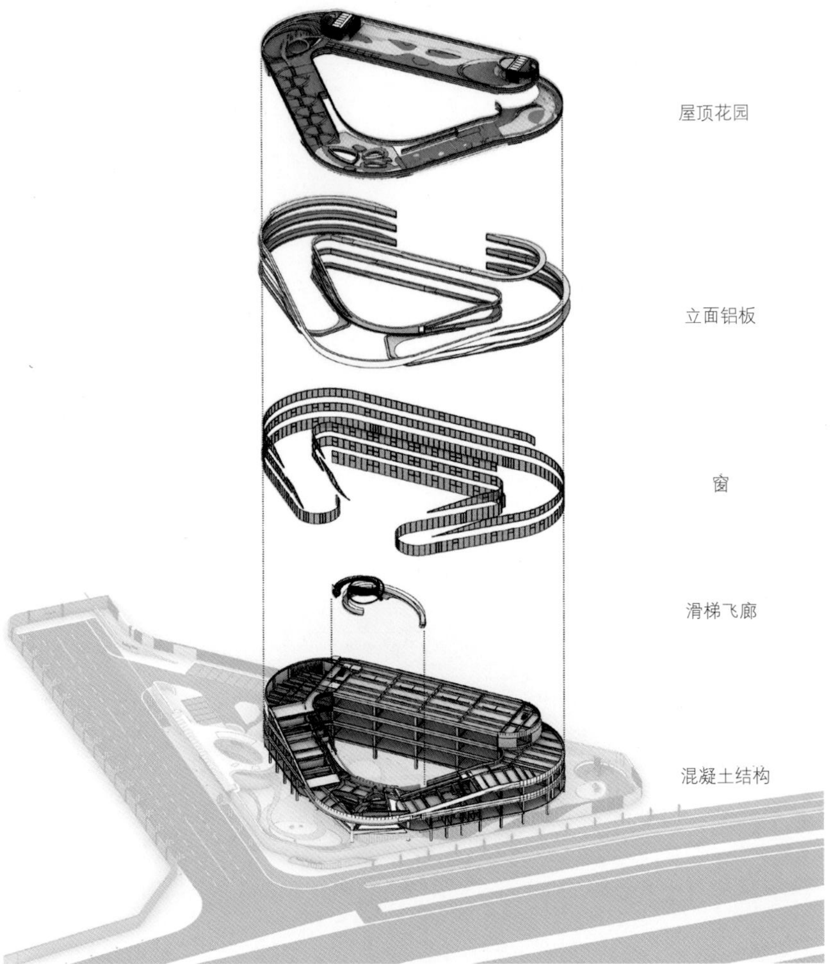

结构分解

9- 入口顶视
10- 屋顶花园鸟瞰
11- 屋顶梯田

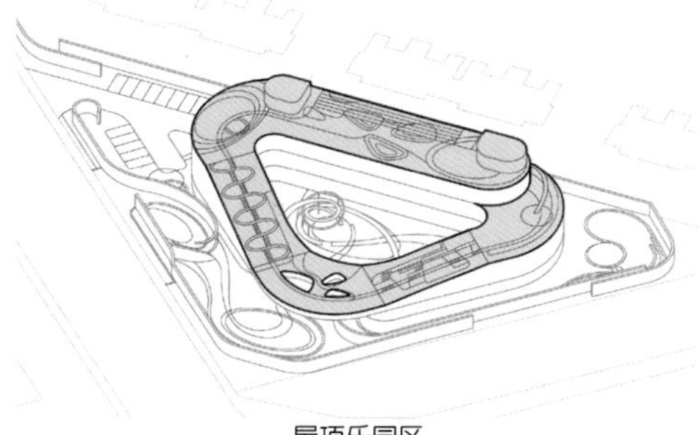

屋顶乐园区

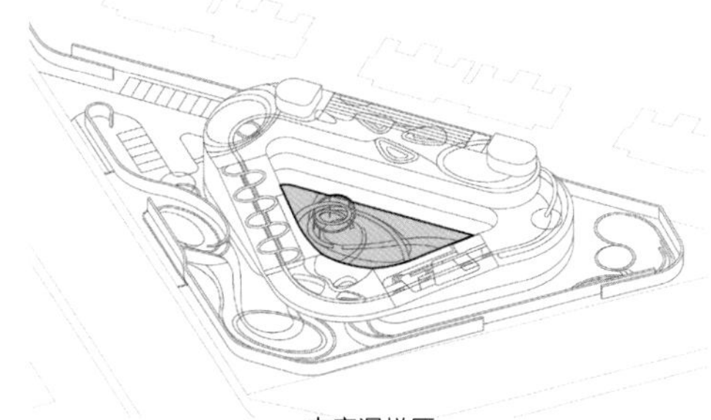

中庭滑梯区

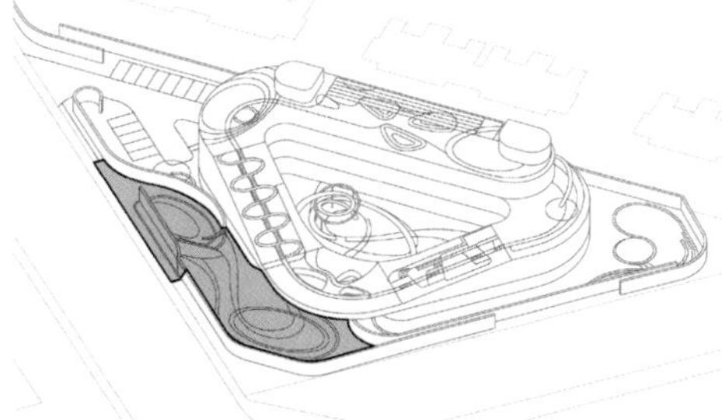

入口门廊区

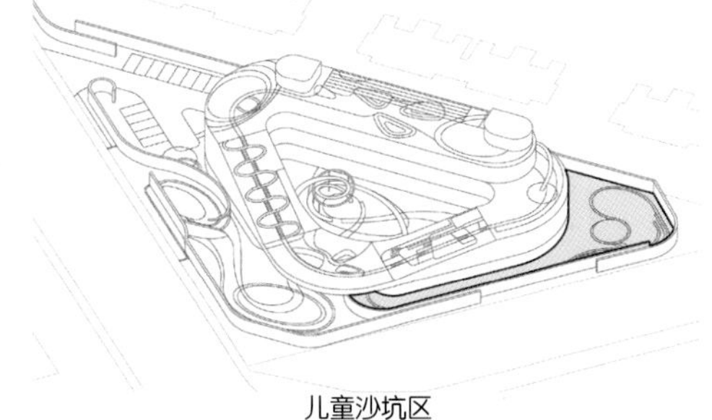

儿童沙坑区

丰富的景观活动乐园

地块中 1/3 的室外场地在建筑屋顶。为了增加趣味性，建筑设计和景观要素在三维上做了充分的融合，使整个幼儿园成了能让孩子们流连忘返的乐园。首层入口处利用反梁创造了一个开敞的 16m 跨度的低矮空间。两层通高的音体多功能室的上空通过降板使屋顶下沉花园成为可能。而在建筑体量围合出的中庭所设置的飞廊和滑梯，不仅是整个室外活动的高潮，更从流线上将屋顶活动空间与首层景观无缝对接，循环营造出更为无痕、层次更为丰富的空间体验。屋顶呈现了一片彩色的梯田，曲折上飞的道路与梦幻翩跹的梯田形成了具有戏剧性的童话空间。

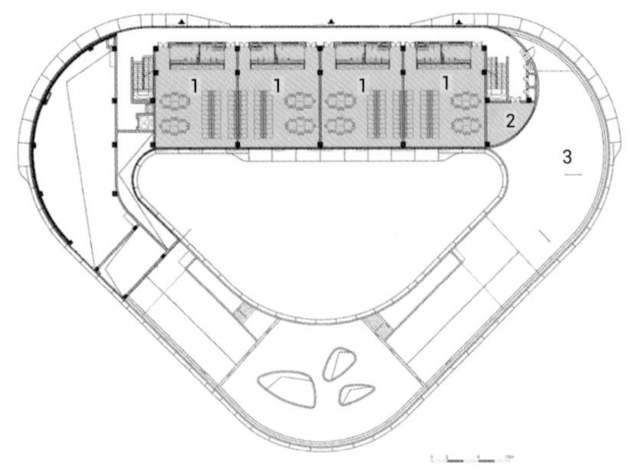

1- 班级活动单元
2- 图书资料室
3- 屋面公共活动场地

三层平面图

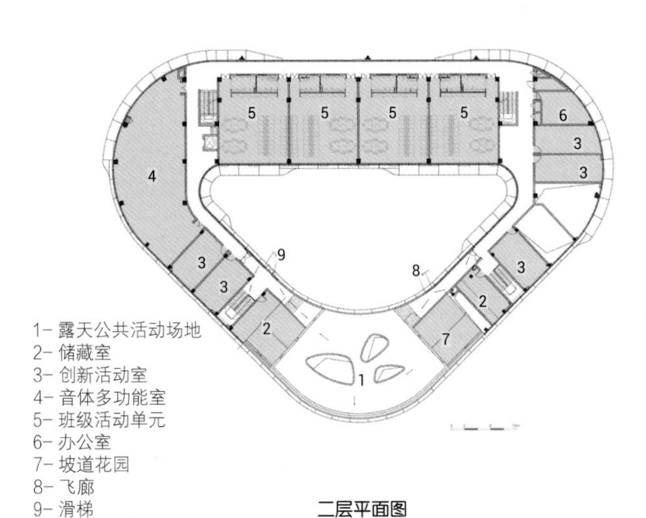

1- 露天公共活动场地
2- 储藏室
3- 创新活动室
4- 音体多功能室
5- 班级活动单元
6- 办公室
7- 坡道花园
8- 飞廊
9- 滑梯

二层平面图

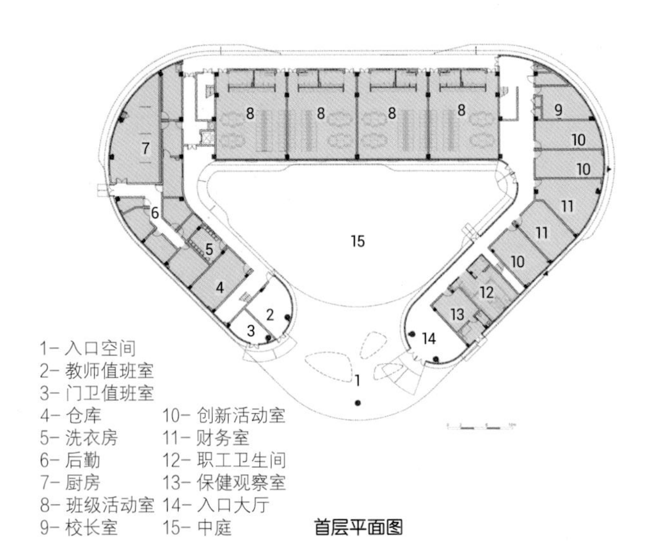

1- 入口空间
2- 教师值班室
3- 门卫值班室
4- 仓库
5- 洗衣房
6- 后勤
7- 厨房
8- 班级活动室
9- 校长室
10- 创新活动室
11- 财务室
12- 职工卫生间
13- 保健观察室
14- 入口大厅
15- 中庭

首层平面图

感知“童趣”

设计师通过对建筑的解读，尝试思考建筑与空间的对话，诠释建筑、空间、生活美学之间丝丝入扣的关联性，并以此作为室内设计的构思重点。“童趣”成为室内设计的主旨，采用温暖柔和的糖果色系，结合圆弧的造型营造出了具有安全感的温馨氛围。纤细而不失大胆的造型也能更好地迎合孩子们对世界的各种奇妙想象。

魔法给旭辉的 IP 小熊赋予了生命力。坐在浴缸里泡澡的小熊，搓出各种泡泡，使得泡泡弥漫在整个空间。然而空间中也有一面让人惊讶的墙，一面被大圆框镶嵌的粉色烂漫墙，使得空间干净中带着柔和，柔和中带着童趣。泡泡穿过高高的门洞，进入的便是神奇的秘境之地，蓝色的楼梯间是吸引造访者不断探索的路程。光影透过高高的圆洞，穿过木墙，更显空间灵动。流动的走廊在浮光掠影当中，也将各个空间与之贯穿。进入充满历史的品牌馆与电影天堂般影音室，便被其干净、大块面的手法所惊讶，更加激起探索童年的欲望。欲望便是起点的开始，经过五彩斑斓般艺术装置泡泡的指引，便有“回顾”小时候父母曾对我们嘱托之感。带着这份感恩之心，来到了粉色充斥着的未来之家。弧形的顶棚下便是五彩泡泡在悬挂，大面的木饰面，将整个沙盘展示区笼罩着，有趣又不失庄重。洽谈区空间的美感借由形体、线条、色彩的形式组合或结构来表现，添一分则累赘，少一分则寡淡，恰到好处地表现其视觉张力。走进细看，家具的色彩搭配和独特的玩偶造型，成为空间的点睛之笔，更好地融入其中。

设计师寄语

伴随当今时代的飞速发展，孩子们接触的世界日新月异，远远超越了当代人的社会认知。设计师希冀创造一个充满想象力甚至荒诞的空间，但求孩子们在未来能够回忆起曾经有一个帮助他们放飞想象和追逐梦想的天地。

12- 门厅

设计师问答

1. 室内主要使用了什么装饰材料，为什么选择这种材料？

室内主要运用了木饰面和墙纸。木质的温润感觉正如爸爸妈妈的温柔呢喃和叮咛，轻敲耳畔。

2. 室内主要颜色的选择和搭配，营造了什么样的氛围？

室内主要以木色与渐变的粉红色搭配，使空间干净柔和，又不失活泼和童趣，让孩子被温柔包围，让成人也能在温馨的氛围下探索和回忆童年。

上海万科实验幼儿园

项目地点
上海市浦东新区张江高科园区
场地面积
6500m²
建筑面积
7300m²
室内面积
5525m²
设计公司
刘宇扬建筑事务所
主持设计师
刘宇扬
设计团队
吴从宝 / 吴亚萍 / 陈晗
杨柯 / 文天启 / 朱思宇
摄影
陈颢 / 朱思宇

项目设计初衷

幼儿园是孩子们在成长过程中第一个接触的公共空间。空间的尺度、使用的灵活度以及室内的场景和氛围，对于幼儿的感受和认知都有很大影响，对于建筑师也是一个挑战。设计要能激发孩子们探索和学习的兴趣，同时要给他们足够的安全感，要有家的感觉。在调研期间，设计团队也发现，非正式空间，如活动室前的走廊，往往是孩子们生活、交往、嬉戏的重要场所。

功能、空间与环境的关系，是本案在设计初始所面临的主要矛盾和核心议题。张江万科实验幼儿园位于一个狭长的三角形地块。基地南侧为中环路高架与河道绿化，北侧为高层住宅区，东侧为一座跨河道的车行桥，西侧则为一栋需要容纳在场地内的区域环网站。要做出一个回应场地限制条件并符合教育局规范标准的 15 个班全日制幼儿园，这块特殊的基地便显得极具挑战性。建筑师需要在满足规划指标、使用面积、规范性、安全性等硬性要求的前提下，在一个相对局促的场地里，创造出符合老师教学管理、诱发儿童探索心理、满足家长预期的幼儿园。

1- 半围合空间、室外楼梯和东侧的运动场地
2- 鸟瞰幼儿园周边环境
3- 齐整但不失活跃的北立面，楼梯间作为独立的语汇

3

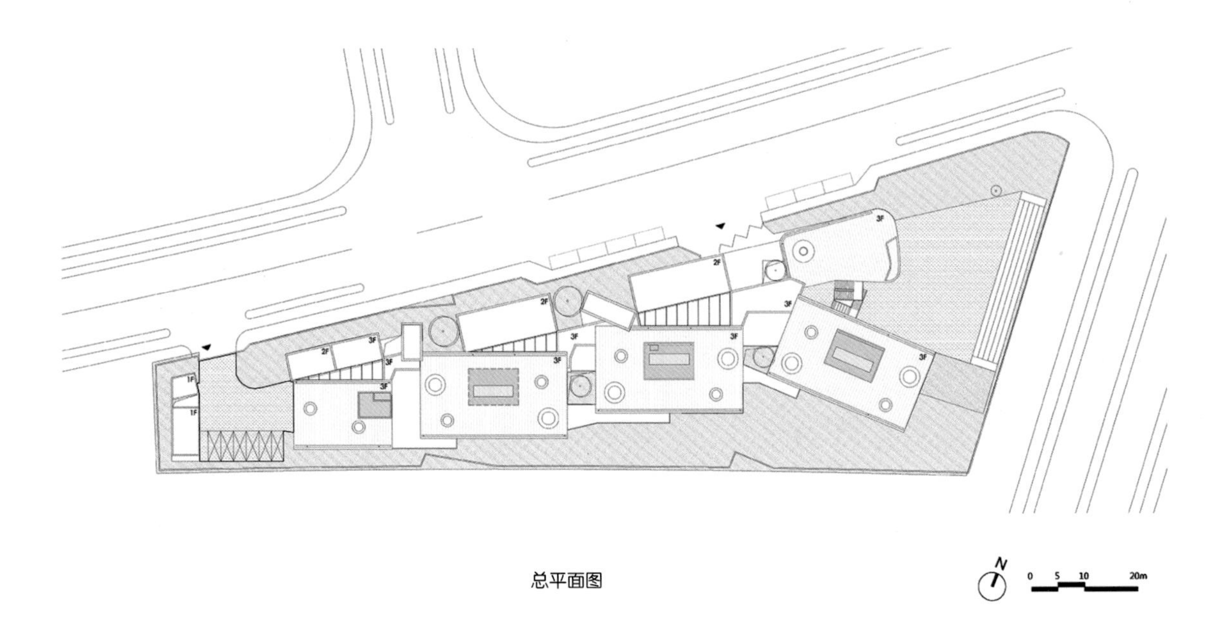

总平面图

在设计的初始阶段，团队内部做了多类型的尝试，包括集中式、组团式、庭院式。第一轮头脑风暴之后再次审视这些方案时，刘宇扬老师向团队提出了一个问题：“究竟什么样的方案，才是真正适合这个场地的？” 于是设计出发点又回到如何应对狭窄场地以及现场周边环境。最终呈现的方案，将不同的功能空间装载于四组串联的建筑体量之中，并在连接之处留出景观平台。结合了弧形屋面的建筑形态宛如孩子们都喜欢的托马斯小火车，一节一节的驶入场地之中，并带着孩子们的想象，驶向未来。

幼儿园内部区间的划分

三角形的场地西窄东宽，东侧用地相对宽敞，而且位于十字路口，环境较吵闹，将活动用地布置在这里，作为嘈杂环境与幼儿园空间的过渡。建筑体量顺应场地线性排开，采用中廊式的常见紧凑格局，房间分布南北两侧，中间为三个由西向东逐渐扩大的三角形中庭空间。活动室、卧室与办公室，分布于日照与景观条件较好的南侧；其他配套的功能空间，包括门厅、专用活动室、楼梯间、卫生间等，则布置在靠近主干道的北侧。南北两排体量被分为四段，在城市界面和景观界面都做了不同的转折处理。

4- 鸟瞰四组串连的建筑体量和弧形屋面

5- 北立面亲和的街道界面

6- 位于北侧的主入口，围墙向内转折留出等待空间

5

6

北侧界面设计

北侧的城市界面较为齐整但不失活跃，幼儿园的围墙没有完全贴合红线，而是向内设置了多处转折，在步行道旁留出了驻足的空间，在入口处后退，留出了家长等候的场地。同时将部分绿地让出给城市界面共享，以减少对街道的压迫。围墙不仅仅是出于安全要求的设计，更是建筑与街道之间的缓冲，在低视角处增加了步行空间的乐趣，形成积极的连续界面。

而在高视角的建筑界面，将日常中容易被忽视却频繁使用的楼梯间，作为独立的语汇提取出来，在北侧界面穿插进不同颜色和尺度的体量，也让南侧活动室之间的空间更紧凑。尽端以一个多功能厅的弧形轮廓收尾，自然缓和地过渡到室外的活动场地。北侧界面在高低有序、材料统一的前提下，调节街道面的节奏感，避免狭窄的场地中连续体量带来的紧张感。在高层住宅林立的背景前，留给行人和幼儿一个亲和的街道面，将幼儿园内部的温馨环境和适宜尺度，也延续至立面和街道。

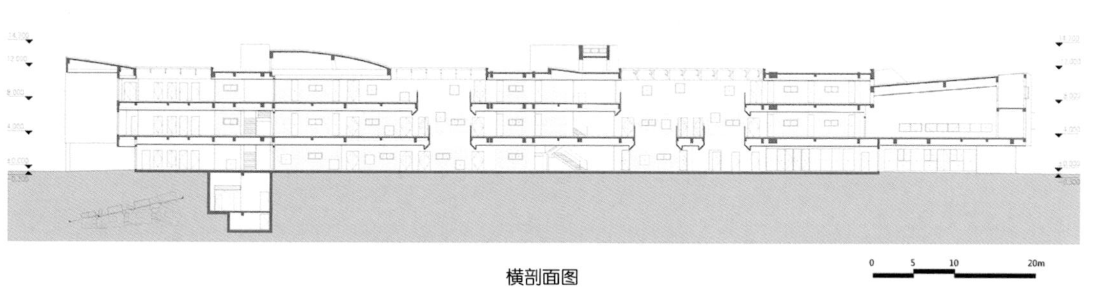

横剖面图

剖透视图

南侧界面设计

设计在南侧的沿河面布置了1个办公行政组团和3个活动室组团，在用地紧张的情况下，在房子和围墙之间留出了集中的线性景观绿地。最东侧的体块后退且扭转角度，使得活动室获得最佳的采光角度和景观朝向，在端头形成一个三角形的半围合开放空间，过渡至活动场地。南北两侧建筑夹角之间的一组有体量感的室外楼梯，将建筑各层连接至室外活动场地。南侧的体块之间由室外走廊和活动平台相连，让周边景观渗透进建筑空间。同时为了减少建筑对场地的压迫和过于狭长的不利空间，利用底层局部架空与二层、三层的屋顶平台来增加活动场地。

7

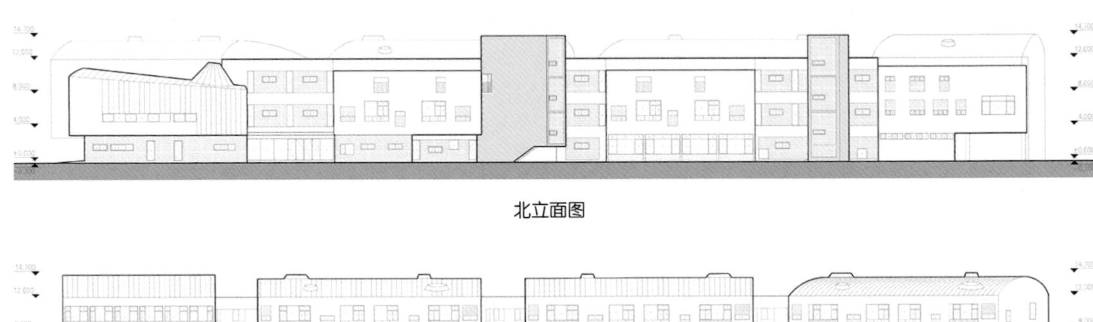
北立面图

南立面图

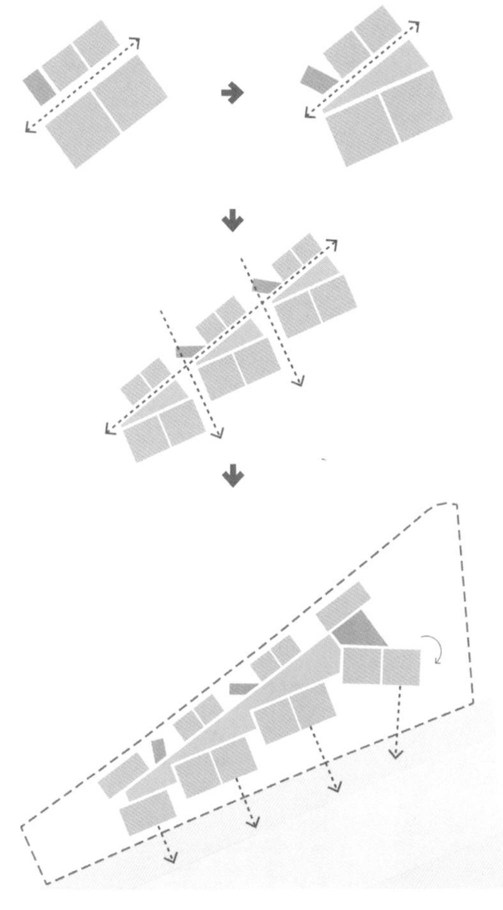

场地策略：将空间模式适应到三角形场地

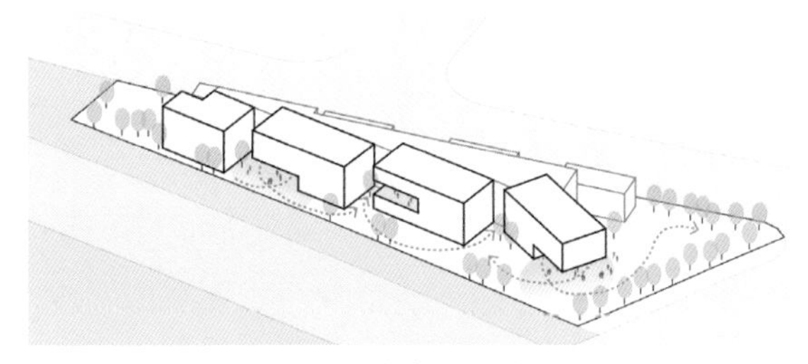

空间策略 1：架空形成活动场地

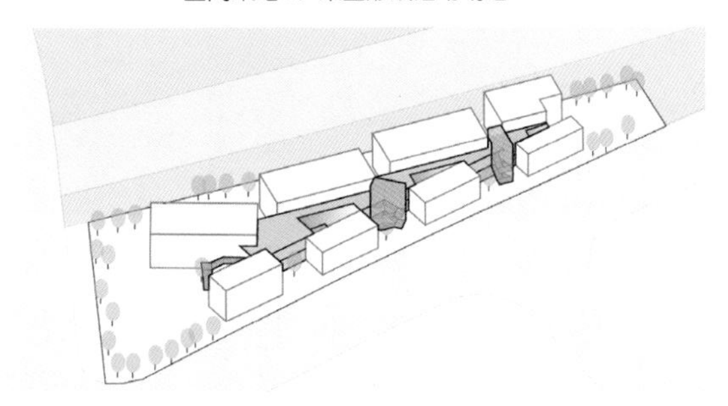

空间策略 2：内廊 + 中庭空间

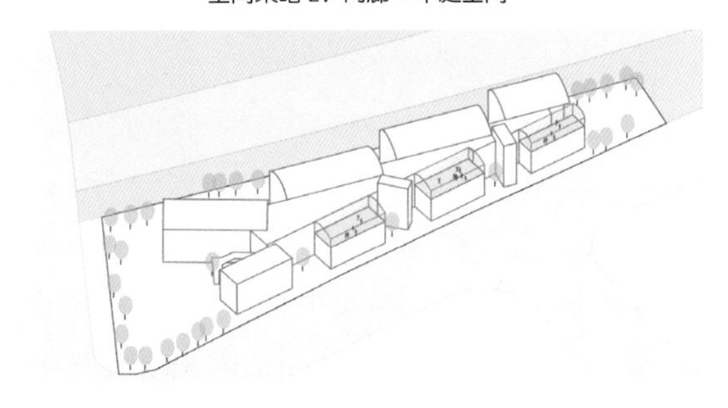

空间策略 3：屋顶露台活动空间

中庭设计

在南北侧的体量中间，自然形成了 3 个三角形中庭，它们顺着地形自西向东逐渐放大，从办公区的小三角，到中间活动室区域的两个中三角，它们和室外大三角形半围合空间串连起来，形成整个建筑空间的“骨架”。中庭的设计，回应了儿童们需要的聚集空间，在顶层对应三角中庭的位置开了天窗，阳光透过天窗，穿过色彩明亮的二、三层洞口照射到一层。宽窄变化的走廊里，由近及远的明暗光线，窗外隐约显现的景色，以及穿透玻璃砖的柔和日光，产生出独特的空间氛围。除了中庭空间，在多功能厅和位于顶层的大跨度弧形屋顶活动室内，也开了巨大的圆形天窗，光线洒在地面和墙壁上。

7- 南侧的集中绿地和连廊串起的建筑体量
8- 活动室前的走廊和中庭空间
9- 阳光透过天窗，穿过色彩明亮的开洞
10- 多功能厅的圆形大天窗

8

9

10

室内设计

为营造室内欢乐活泼的气氛，在建筑中可以找到多种尺寸和不同开启方式的窗，通向庭院和活动场地的落地窗，与玻璃砖墙组合的推拉窗、上悬窗、固定大方窗，活动室木门上的圆窗等，门窗尺寸模数均参照成人与幼儿的人体尺度，将不同的门窗和实墙、玻璃砖墙进行多种组合，给孩子和大人们从不同角度观察环境的机会。

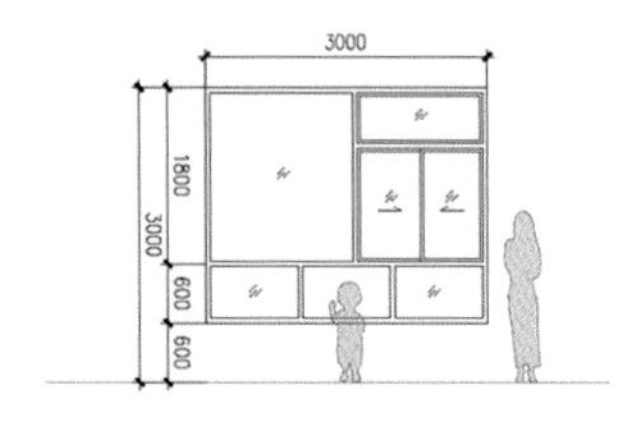

固定扇 + 推拉窗

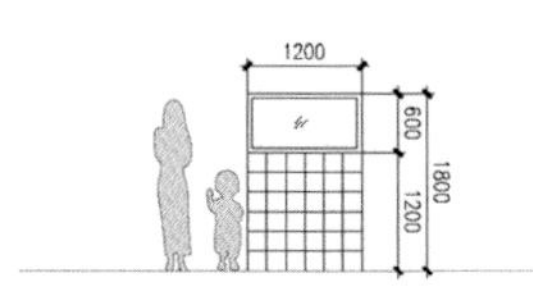

固定扇 + 玻璃砖

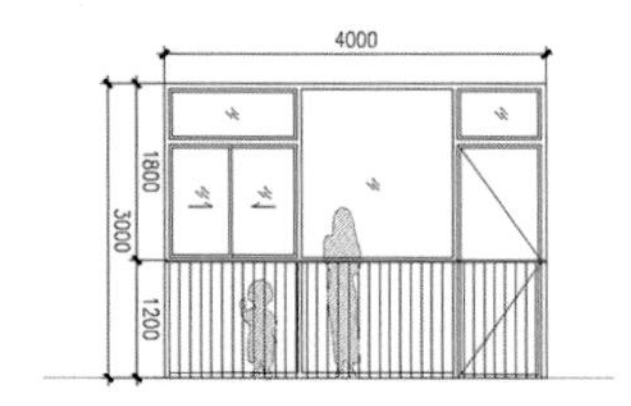

阳台 + 门 + 推拉窗

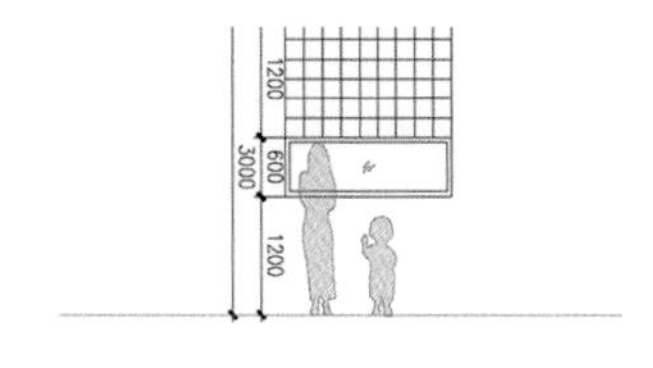

玻璃砖 + 固定扇

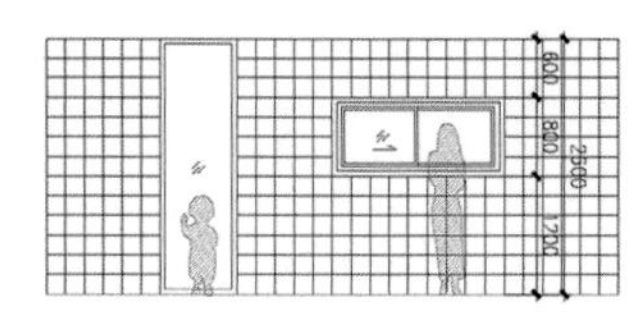

玻璃砖 + 落地长窗 + 推拉窗

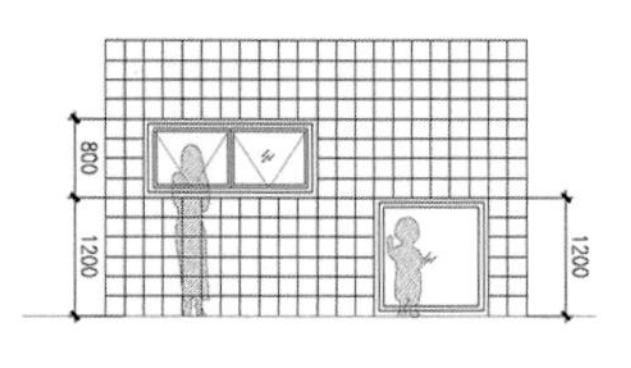

玻璃砖 + 落地方窗 + 下悬窗

多种门窗模数

11- 主楼梯间在底层被放大，增加活动和交流空间

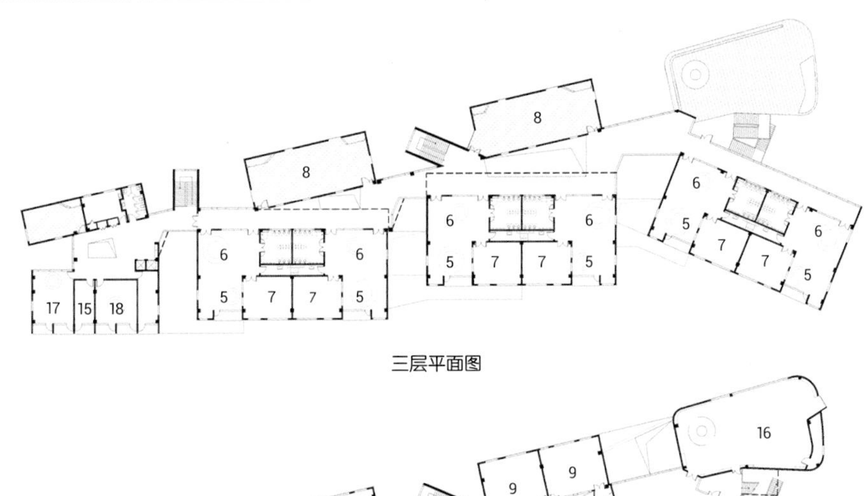

三层平面图

1- 门厅
2- 传达室
3- 晨检室
4- 观察室
5- 活动室
6- 餐厅
7- 卧室
8- 分班活动场地
9- 专用活动室
10- 教师餐厅
11- 厨房
12- 区域环网站
13- 储藏室
14- 室外活动场地
15- 办公室
16- 多功能厅
17- 玩具制作陈列室
18- 图书资料室

二层平面图

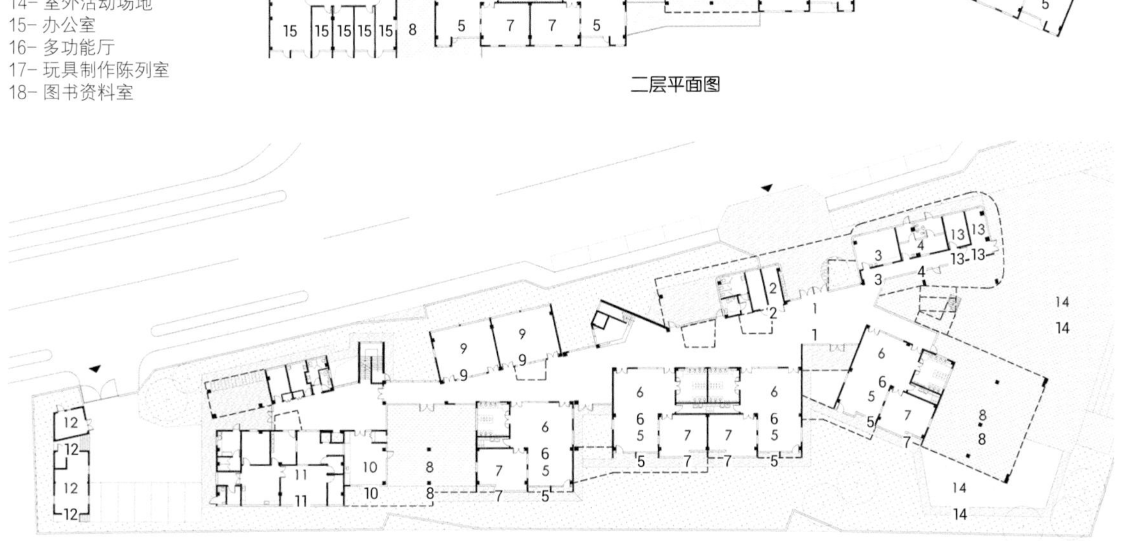

一层平面图

12- 活动室前的走廊是孩子们交往的重要场所
13~15- 活动室中的多种材料和颜色
16- 东侧活动室的北立面采用玻璃砖与混凝土涂料

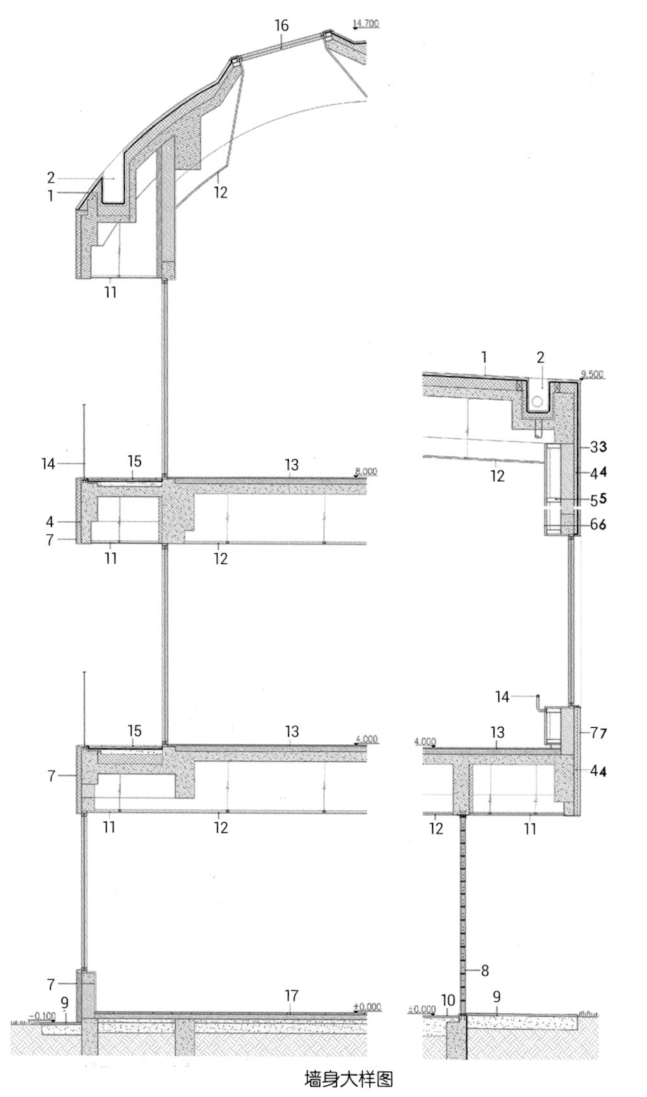

墙身大样图

1- 钛锌板屋面
2- 天沟
3- 钛锌板墙面
4- 保温
5- 龙骨
6- 吸声板
7- 涂料
8- 玻璃砖墙面
9- 水洗石
10- 防滑地砖
11- 水泥压力板吊顶表面氟碳喷涂
12- 轻钢龙骨石膏板吊顶
13- 实木地板
14- 栏杆
15- 金刚砂地面
16- 天窗
17- 红缸地砖

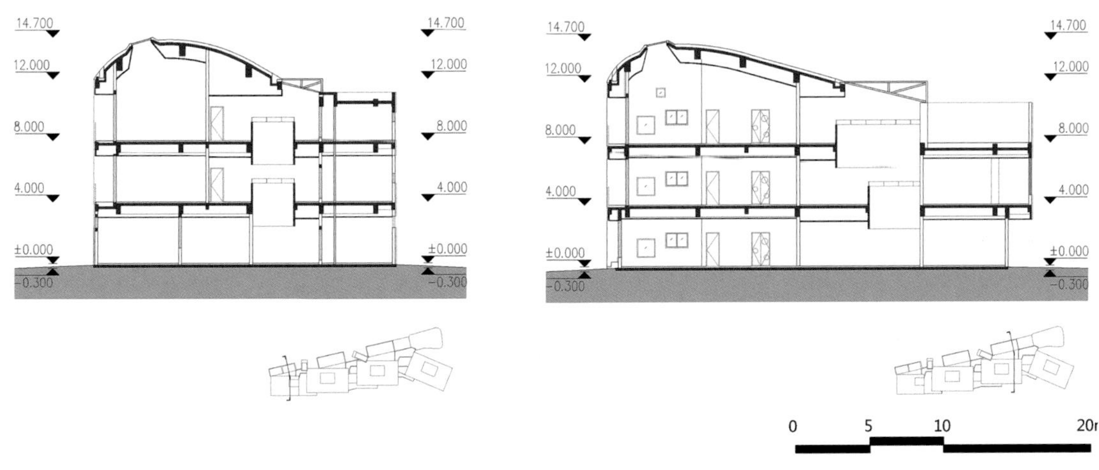

纵剖面图

设计师问答

1. 室内主要使用了什么装饰材料，为什么选择这种材料？

室内装饰材料主要包括木饰面板、毛毡、复合木吸声板、木地板、PVC 软性地板。天然的木料选择符合环保标准。软性地板及毛毡由于质地较为柔软，可以降低孩子在活动中遇到磕碰时的受伤程度。复合木吸声板可以有效降低噪声，减少不同活动空间的声音互扰。

2. 室内主要颜色的选择和搭配，营造了什么样的氛围？

室内使用的颜色包括白色、黄色、绿色、原木色等多重色彩，不同空间场景中的不同的材料组合和颜色搭配，呈现出灵动的气息并激发孩子们的创造力。

杭州市海潮幼儿园

项目地点
浙江省杭州市
场地面积
5336m²
建筑面积
5336m²（地上）
2100m²（地下）
设计公司
GLA 建筑设计
主持设计师
朱培栋
设计团队
李彬淼 / 傅冬生 / 徐凌峰
周剑 / 丰建华 / 余勤
摄影
苏圣亮
文字
朱培栋

项目背景

杭州市海潮幼儿园位于杭州市上城区老望江门区域，临近古城门望江门，紧靠海潮寺旧址，沉淀着杭州城悠久而深厚的历史文化韵味。早在 2012 年，本案及紧邻安置房曾采用了以欧式复古立面语言诠释的设计方案，虽不失水准但却与城市文脉和环境语境之间产生明显冲突。后该项目因土地环评等问题暂停，时经多年重新启动，已大为改善的设计条件和设计环境为半路接手的建筑师带来了新的设计契机。历史、当下、未来的信息在此叠加和碰撞，形成一种抽象意义上的多维度信息层的叠合。

本项目为城市化进程中，大规模拆迁安置房建设下的教育资源增量项目，隶属于杭州市著名的行知教育集团。建筑师携手未来的直接使用者——行知的运营管理团队，为项目奠定了后续整体基调——做一所真正为孩子们所喜爱的幼儿园。结合对当代幼儿园设计的理解，建筑师在设计中通过“层”的叠置，来还原项目的设计愿景。设计跳出传统思路，以幼儿的行为模式及多种类型的空间气质作为线索，以水平楼层为基本骨架，将不同气质的空间状态与幼儿使用需求结合，对整个幼儿园的空间体系进行重构。

1- 室内折跑楼梯
2- 主入口
3- 内院室外活动空间

3

多孔的层

有别于传统的走廊和房间二分平面的处理方式，设计拆分不同的功能空间二三成组组合，经倒圆角处理而圆润柔和的各功能组，按照使用需要放置于楼层之间，其形态如一个个气泡，而走廊则如同气泡间的孔隙，为幼儿提供了更具探索趣味的丰富空间体验。

而在首层，无外墙的走廊贯连成网，创造出大量直面自然的灰空间，为幼儿园的老师和孩子们提供全覆盖的风雨交通，减少空调能耗的同时渗透出无处不在的庭院和自然。幼儿们的探索与感知可随处发生，不再限于一室之内。

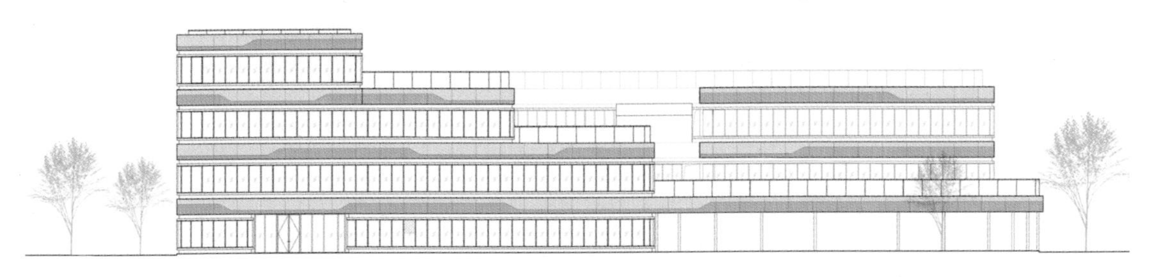

南立面图

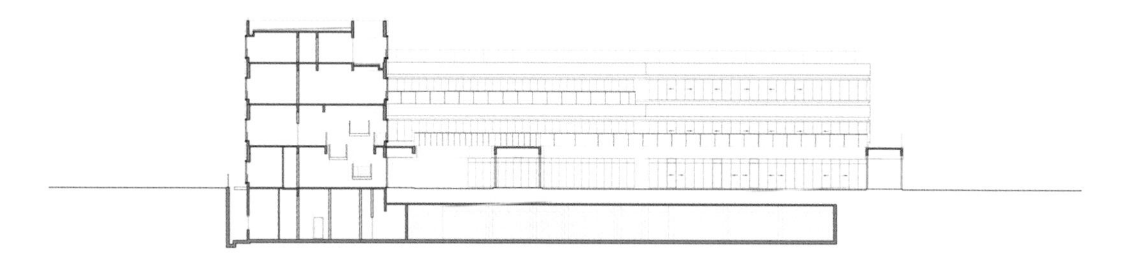

1-1 剖面图

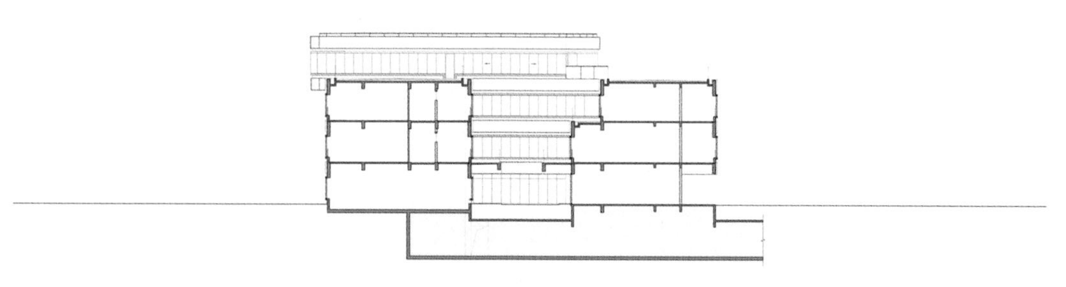

2-2 剖面图

4- 与城市化发展进程相呼应的幼儿园
5- 完整且不受建筑阴影遮挡的室外集中活动场地
6- 风雨连廊打造室内外切换的连续的“层”

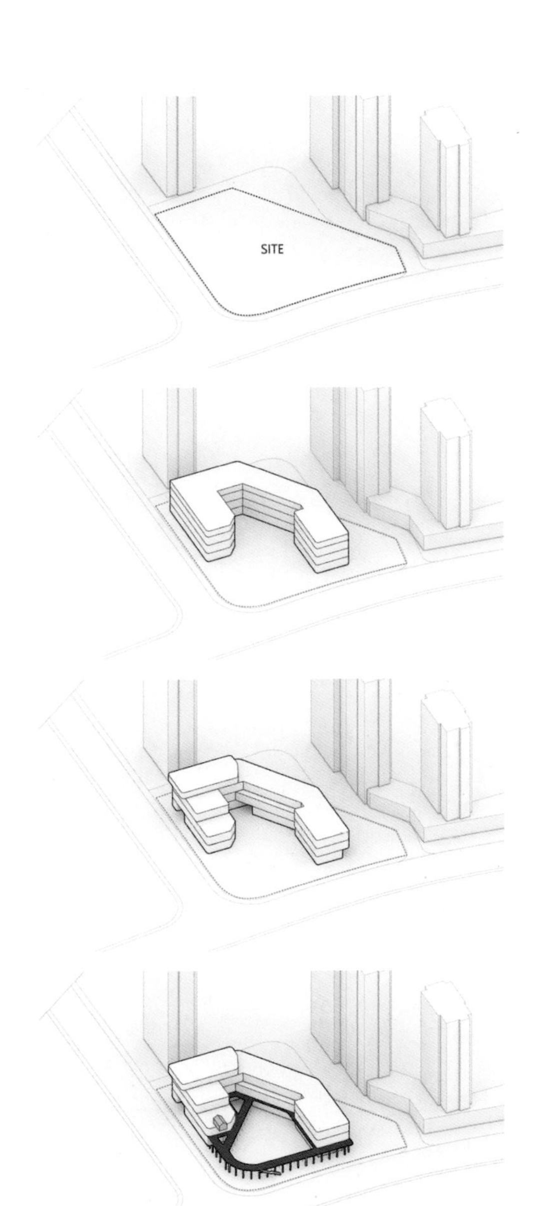

体块生成图

连续的层

二层打造室内外切换的连续的“层”，在物理可达的连贯空间体系里的游走，满足功能使用的便利，同时又为幼儿教育的多样化提供了可能性。设计通过对垂直空间中的重要节点——楼梯与窗的深入设计来加强层与层之间的连接：以折跑楼梯代替双跑楼梯，并在门厅以玩具装置强化楼层之间的视觉和空间联系；在层与层之间设置连续带形长窗，玻璃本体灰与层间白色水平穿孔铝板相结合，在视觉和物理空间上同时形成了简洁而具辨识度的“层”的划分。

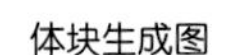

7- 退台形成的露天活动场地
8- 简洁而具辨识度的“层”的划分
9- 连廊围合下的内院

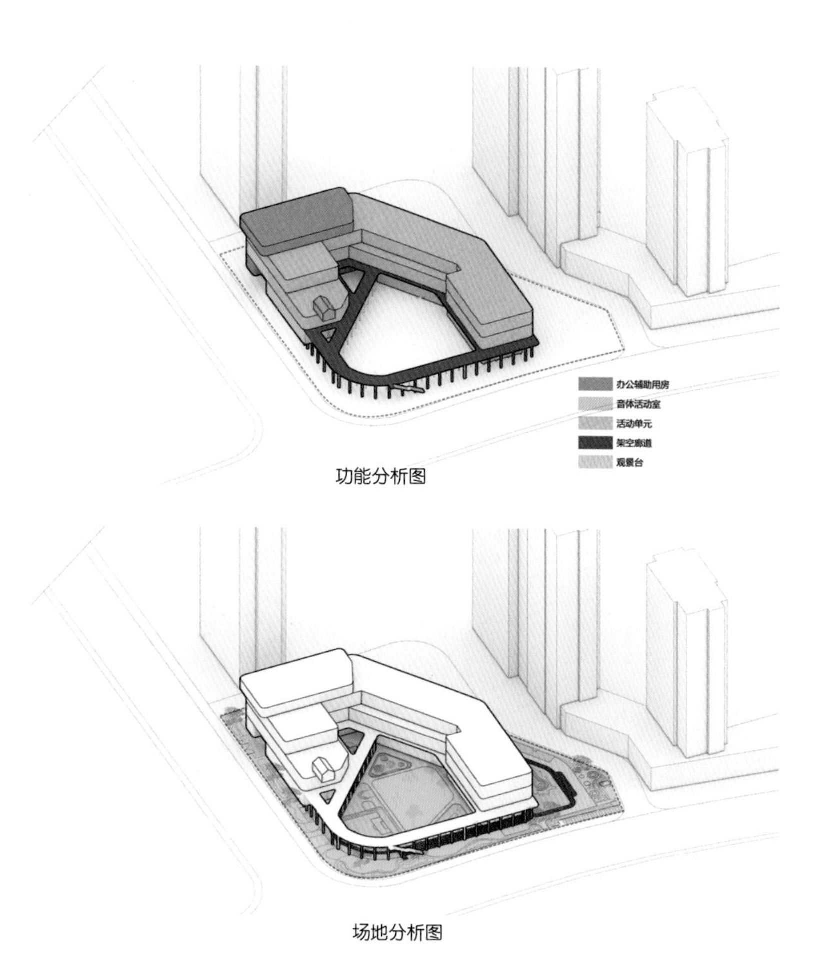

功能分析图

场地分析图

退台的层

结合用地条件与日照需求，建筑师把功能体量集中布置于用地东北侧和西北侧，以回避建设中的高层住宅带来的不确定性和对幼儿的视觉压迫感；而沿用地东南侧则留出一个完整且不受建筑阴影遮挡的室外集中活动场地，最大限度地把阳光带到场地中。建筑师结合功能体量对建筑进行了逐层退台的处理，虚弱主体建筑压迫感，营造尺度亲和感，同时为二、三层提供了教学空间之外的露天活动场所。

9

10- 夜幕下的通透、温暖

附加的层

位处寸土寸金又学位资源异常紧张的主城区，项目经规划定位为用地面积 5336m^2、容积率 1.0、建筑密度不超过 30% 的 14 班幼儿园。面对极端的用地条件和超限的需求，建筑师把办公会议等非幼儿活动功能放置到四层，附加的“层”在满足规范的同时，把三层内的空间全部赋予幼儿的活动班级和功能教室，平衡了规范的限定和使用的需求。同时将这一附加的四层体量局部向南出挑强化了幼儿园入口的外部感知。

简洁而当代的造型空间，白色和原木色适宜搭配，海潮幼儿园是一个充满弹性可能的学习和生活的空间容器，使用者可以随意装饰属于自己的空间特质。项目落成后的数年间，设计构想在经过初步实际使用已被完整地展现。通过多孔的层、连续的层、退让的层、附加的层这四种不同空间气质的层，层层重叠，建筑师在有限的造价、紧凑的指标、严格的规范的狭缝中，回应城市建设的要求和园方的述求，期望这里可以成为周边社区小朋友成长过程中重要而美好的回忆。

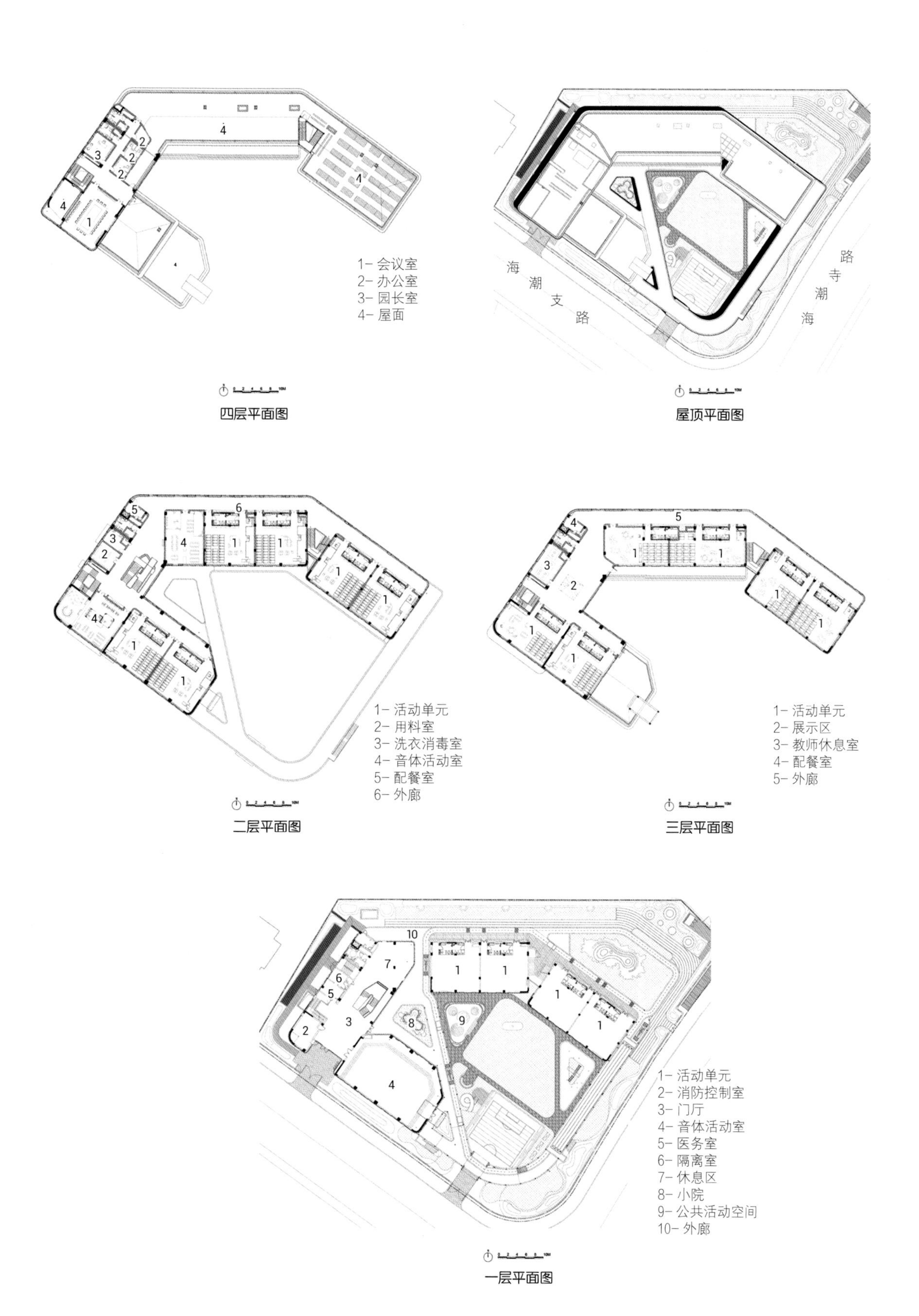
1- 会议室
2- 办公室
3- 园长室
4- 屋面
四层平面图
海
潮
支
路
路
寺
潮
海
屋顶平面图
1- 活动单元
2- 用料室
3- 洗衣消毒室
4- 音体活动室
5- 配餐室
6- 外廊
二层平面图
1- 活动单元
2- 展示区
3- 教师休息室
4- 配餐室
5- 外廊
三层平面图
1- 活动单元
2- 消防控制室
3- 门厅
4- 音体活动室
5- 医务室
6- 隔离室
7- 休息区
8- 小院
9- 公共活动空间
10- 外廊
一层平面图

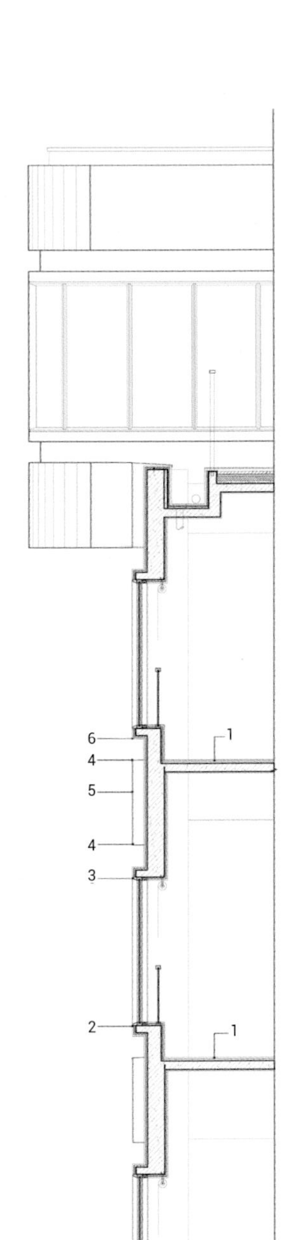

墙身大样

1- 楼地
2- 10mmx10mm 凹槽 L 形金属条嵌缝
3- 订制窗框
4- 滴水
5- 铝饰面板
6- 氟碳喷涂墙面

11- 素雅明亮的室内空间
12- 灰空间为幼儿活动提供充沛的可能性
13- 重叠的“层”

设计师问答

1. 室内主要使用了什么装饰材料，为什么选择这种材料？

在室外，选择了最为简约的白色和黑色系作为建筑的基调色，形成了强烈而素朴的视觉观感。在室内，一方面希望延续室外的简洁感，以白色的水性环保涂料作为基底，在墙面和顶棚上有着大面积的应用；另一方面，也选择更有生命力的材料——天然木材，在室内做广泛的应用，包括木质墙裙、木地板等。对灵活多动的幼儿来说，这些材料既可达到运动保护、吸声防噪的目的，又能给予儿童舒适、温馨、自在的室内体验。

2. 室内主要颜色的选择和搭配，营造了什么样的氛围？

室内主要采用木色与浅白色的搭配，这一素雅的配色一方面将室内的空间感予以了放大，可以为孩子们营造宽松、自由的教学活动空间，减少视觉上的压迫感。另一方面，这样的配色也便于这些教学空间的日常维护和清理，同时在材料的安全性方向也有更高的保障。通过设计中连续的长条开窗，充分地引入自然光线与素色的室内基调相得益彰，室内的空间如同一张画布，而孩子们就是这张画布上最温暖最动人的画面。

∞幼儿园

项目地点
上海市金山区龙皓路学府路
场地面积
8375m²
建筑面积
5899m²
室内面积
4500m²
设计公司
曼景建筑
主持设计师
吴海龙
设计团队
唐程颖 / 程孟雅 / 赵林 / 李三见
陈柳均 / 苗梦娜 / 郭思博 / 卫韡
李诗慧 / 毛广知 / 罗斌辉 / 周景轩
施工图设计
联创设计
摄影
苏圣亮 / 曼景建筑

设计背景

幼儿园建筑是住宅开发过程中必要的配套设施。在住宅货值最大化原则的驱动下，大部分幼儿园无法脱离被住宅挤压和被规范限制的双重困境，最终以妥协和消极的空间状态呈现。在上海一个典型别墅区环绕的不规则用地内，曼景建筑试图通过设计的策略突破周边环境和建筑规范的双重限制，为孩子们营造一个城市中的理想空间。幼儿园俯瞰形似“∞”，因此被称为∞幼儿园。

盆景——异质介入

在设计的最初阶段，建筑师面临的问题是如何用积极的态度去回应这块消极的场地——不规则地形带来的用地效率的降低，与别墅区过分接近带来的独立性的缺失。在无法对外部条件进行干预的前提下，最积极的态度也许就是再造一个理想之地，如同一个盆景，它分明是微观和局部的，但是它包含了人们对这个世界的期许和想象。放弃过多的与周边环境呼应而以一种异质化的状态介入，以不规则的场地为“盆”，在不规则的场地上造“景”。

手绘图

1- 单元空间和剩余不规则空间
2- 都市盆景

2

3- 房子的聚落
4- 矩形房子单元
5- 房子、廊子和院子
6- 连廊

积木——聚散为整

作为城市尺度的盆景，它应该是一个理想化的空间存在，最重要的是要包含“日常”之外的“非常”。与普通集中式幼儿园不同，建筑师将这个接近6000m^{2}的建筑分解成了房子、廊子和院子。这些空间组件犹如积木，以一种松散的秩序搭接起来一个“∞”。

聚落式布局的矩形单元——房子，容纳了儿童的分班教室。房子的单元采用对角坡屋顶的形式将一、二层的两个班级统一成一个体量，这种坡屋顶的形态也可以用一种更为轻松的方式与周边的别墅区的屋顶形式取得形式上的呼应。体量上错落的方形窗洞，共有三个尺寸，包含了与儿童的身体尺度匹配的两个尺寸的低窗，用于空气对流和卫生间通风采光的小高窗。窗框采用柠檬绿色的彩色铝合金，配合窗洞周边墙体上的同色涂料，在灰色的基底上画满了跳跃的景框。

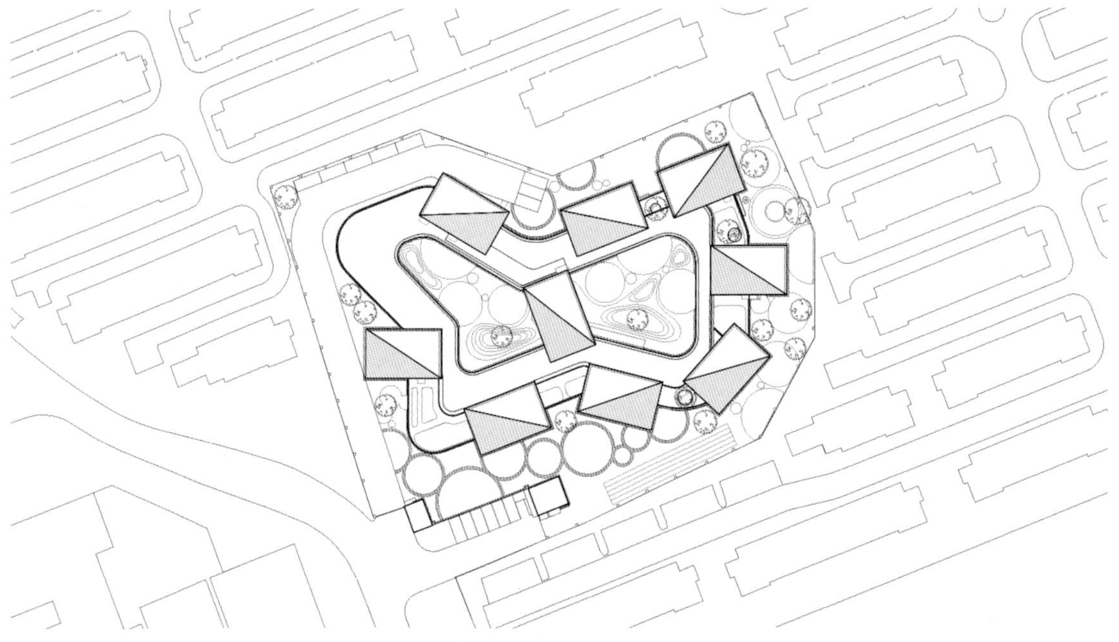

总平面图

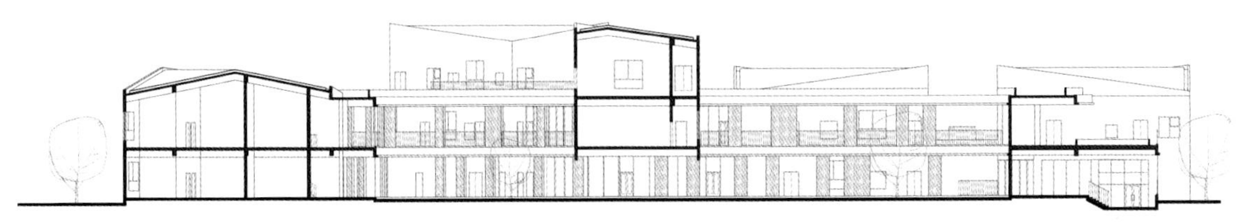

长剖图

廊子将分散的房子串连起来，容纳了幼儿园除班级之外的服务空间：供儿童使用的晨检室、保健室，音乐、美术、建构、生活和科学教室，以及供教师使用的办公室、配套用房；环廊也容纳了联系各个分散班级的交通体系，建筑师刻意将环廊加宽，并与室外空间融为一体，让它成为除交通之外的让儿童可以停留、相遇、玩耍的空间。

环廊和房子把场地分割成四种风格迥异的院子——开放的外院、曲折的东西内院、屋顶花园以及大树下的树院，可供孩子们运动、玩耍、种植、攀爬。

幼儿园是孩子在家庭之外接触最多的空间，孩子们需要的不只是一所房子和一块活动场地，而是从家到外面世界的过渡，是可以盛放他们童心、童趣的空间容器。九个房子、二层廊子、四种院子，在这个不规则场地中，通过散落、镶嵌、围合的方式创造了各种模糊的可能性，等待孩子们用自己的想法去定义。

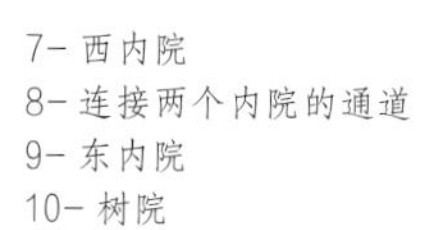

7- 西内院
8- 连接两个内院的通道
9- 东内院
10- 树院

模型图

南立面图

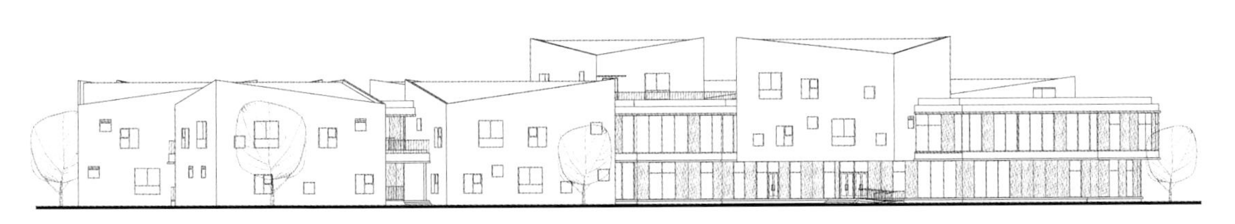

北立面图

东立面图

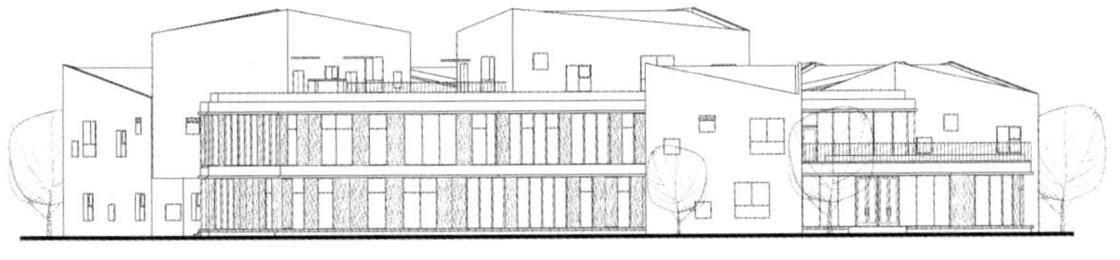

西立面图

0 1 2 5 10M

方法——设险求稳

幼儿园的不规则地形，建筑师意将其作为一个 1:1 的积木的初衷和将建筑从三层降低到主体二层局部三层以减少建筑对人的压迫感的想法，导致用常规的空间布局方式都将是个不可能完成的任务：建筑平面增大，绿地率和活动场地面积难以达到要求；建筑周边场地形状不规则，不利于分班活动场地的划分。建筑师给出的答案是用一个漂浮的班级单元留出底层架空的活动场地；二层环廊形成退台，作为空中花园，增加绿地面积；在余量很小的场地中用圆形铺满场地，形成分班活动场地、器械活动场地、沙水池、跑道等。相切的圆环的边界自然形成了入园的环形洗手池、圆环景观路径和活动场地的边界。简单、统一的形式处理，带来了功能之间最少差异和可以互相转换的可能性。形式的统一性弱化了形式在设计中的地位，从而保证它与不规则的地形之间会有更兼容性的衔接。

11- 绘画教室
12- 入口上方的植物辨识园

对于内部空间的处理，建筑师保持了班级的规则平面，但是根据地形在方向上做扭转，以满足日照和活动场地的要求。环形廊子减去矩形活动室留下的不规则剩余空间看似难以使用，实际这种空间的不规则性恰好让孩子们能够更加自由和多样地使用空间。建筑师利用了这一点，通过室内和景观的一体化设计，开发每个不规则空间的潜力，把整个建筑做成了一个超级玩具。

1- 教室
2- 乐高玩具室
3- 绘画室
4- 图书室
5- 办公室
6- 会议室
7- 接待室
8- 档案室
9- 储藏室

二层平面图

1- 大厅
2- 教室
3- 舞蹈室
4- 起居室
5- 科学教室
6- 检查室
7- 保健室
8- 观察室
9- 办公室
10- 礼堂
11- 厨房
12- 餐厅

一层平面图

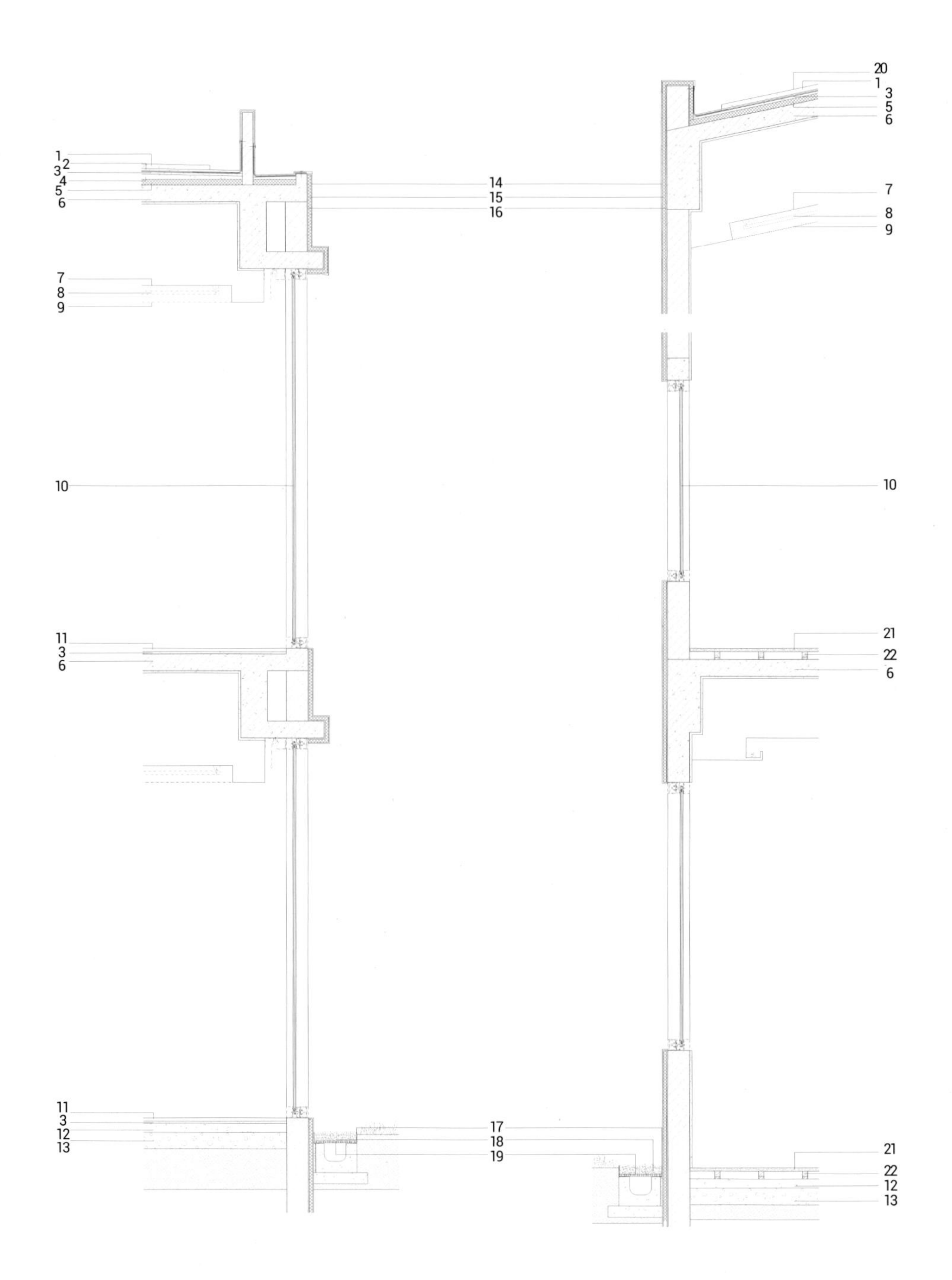

细部图

1- 40mmC25 细石混凝土
2- 10mmDS20 水泥砂浆隔离层
3- 20mmDS15 水泥砂浆找平层
4- 最薄处 30mm 轻骨料混凝土 2% 找坡层
5- 50mm 挤塑聚苯乙烯泡沫板
6- 现浇钢筋混凝土板
7- 轻钢龙骨石膏板吊顶
8- LED 灯带
9- 软膜顶棚
10- 隔热铝合金窗
11- PVC 地板
12- 80mmC15 混凝土垫层
13- 150mm 碎石夯入土中
14- 5mm 聚合物抗裂砂浆
15- 30mm 岩棉保温板
16- 18mmDP15 水泥砂浆找平层
17- L100 × 50mm × 3mm 角钢
18- Φ30~Φ60 黑色抛光卵石
19- 成品合成树脂盖板上覆无纺布
20- 刷外墙真石漆
21- 实木地板
22- 50mm × 50mm 木龙骨 @400mm 架空 20mm，表面刷防腐剂

设计过程中，盆景和积木的最初构想始终被保留并强化，通过针对规范进行反复的调整优化，形成最终的空间布局。设计过程本身也如同一个游戏，在明确的目标下，通过特定的规则，持续地迭代操作。最终的空间不是即时的灵感迸发，实际上是一系列关联的空间操作过程中凝固的一个瞬时状态。

13. 房子之间的树院

设计师问答

1. 室内主要使用了什么装饰材料，为什么选择这种材料？

地面主要采用彩色 PVC 地板，既安全耐磨，又色彩持久，形状也可以订制裁切。墙面主要采用白橡木饰面搭配彩色乳胶漆，既在室内创造温暖的感觉，彩色乳胶漆又可以起到活泼的调节气氛的作用。

2. 室内主要颜色的选择和搭配，营造了什么样的氛围？

室内颜色以灰色的地面和浅色的木墙面为基调，局部通过地面、墙面及家具陈设的亮丽的纯色作为点缀，整体安静放松，却不失童趣。

上海佘山常菁藤国际幼儿园

项目地点
上海市松江区佘山镇陈坊桥河东街 2 号
场地面积
$10500m^2$
建筑面积
$3500m^2$
室内面积
$6500m^2$
设计公司
ELTO Consultancy
主持设计师
Chloe Liew
摄影
三像摄 • 建筑空间摄影 / 张静

1- 教室楼梯
2、3- 从不同角度看到的建筑外观

设计初衷

设计师把幼儿园当作是小孩的第二个家，在这里他们可以组建起自己的小社会关系，当美好的人、美好的事物在美好的空间中相遇，便生长出一种安放身体、培养情商、互相鼓励成长的社群关系。

童趣探索空间的打造

项目在设计上以原木色和写意蓝为主，用简单朴实的设计向孩子们展示出设计师和教育者的可持续性环保理念，同时带给小孩一种回家的温暖感觉。设计师们将整个空间打造成一个巨大的玩具，进门处的巨大滑梯可以吸引注意力，让孩子们毫无束缚地、自发地去探索、发掘和创造属于自己的趣味空间和生动体验。同时将小朋友的感觉也作为设计的细节，利用建筑原结构的倾斜架构和外部的光线优势，将光线自然地引进室内，柔和的阳光洒在小朋友身上，是一种家的安心触感，一种温暖的满足感。

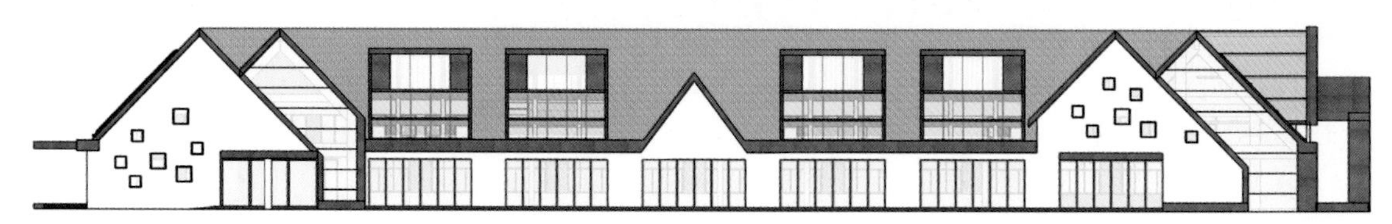

建筑外立面图

4

探索和运动区是幼儿乐园的重点区域。在这个开放式的、明亮而怡人的活动区，可以容纳多种运动方式：纯粹运动的方式、感知触觉的方式还有安静的方式。一面孩子们可以围着柱子自由地奔跑，捉迷藏；另一面他们也可以安静下来，进入教室或图书馆，去观察空间中“飞翔”的书本、小鸟、云朵。这里不仅仅是幼儿园，也是从家到外面世界的过渡，是可以盛放他们童心、童趣的空间容器。

5

4- 儿童游戏滑梯
5- 中庭（儿童游戏区）
6- 儿童游戏区（可转换为讲厅用途）
7- 校园夹层探索区

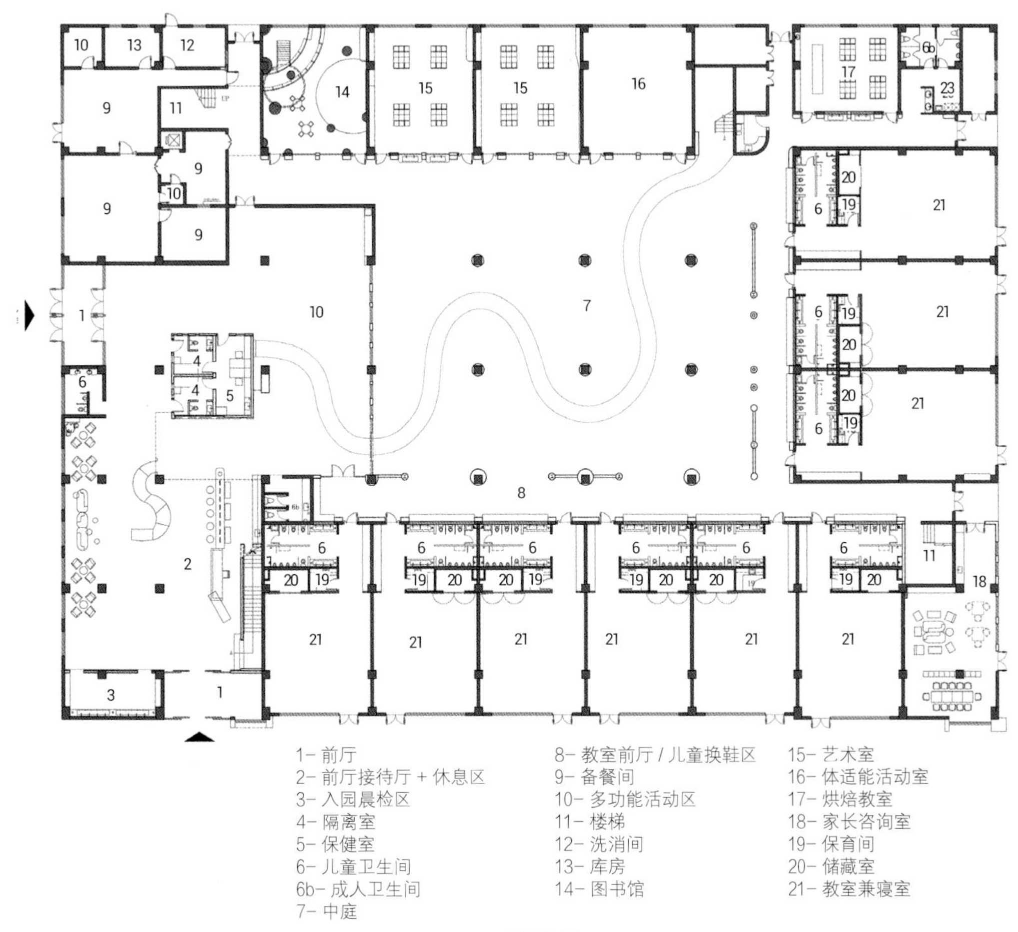

1- 前厅
2- 前厅接待厅 + 休息区
3- 入园晨检区
4- 隔离室
5- 保健室
6- 儿童卫生间
6b- 成人卫生间
7- 中庭
8- 教室前厅 / 儿童换鞋区
9- 备餐间
10- 多功能活动区
11- 楼梯
12- 洗消间
13- 库房
14- 图书馆
15- 艺术室
16- 体适能活动室
17- 烘焙教室
18- 家长咨询室
19- 保育间
20- 储藏室
21- 教室兼寝室

一层平面图

儿童游戏区设计

在整体空间里，设计师们特别打造了一间酷酷的阁楼衔接着大堂的区域，成为儿童的游戏区。在夹层区域他们设计了一种户外攀岩的网，小朋友们可以从上往下看，既能激发好奇趣味，也同时安全锻炼四肢。而在教室里，夹层是小朋友的就餐区。上下错层的空间增加学习时的互动与灵动性。当阳光洒进来，空气会变得温暖，就像轻轻握着小朋友的手，抚摸着他们可爱的小脸蛋儿一样。

8- 教室
9- 教室楼梯互动小洞
10、11- 教室

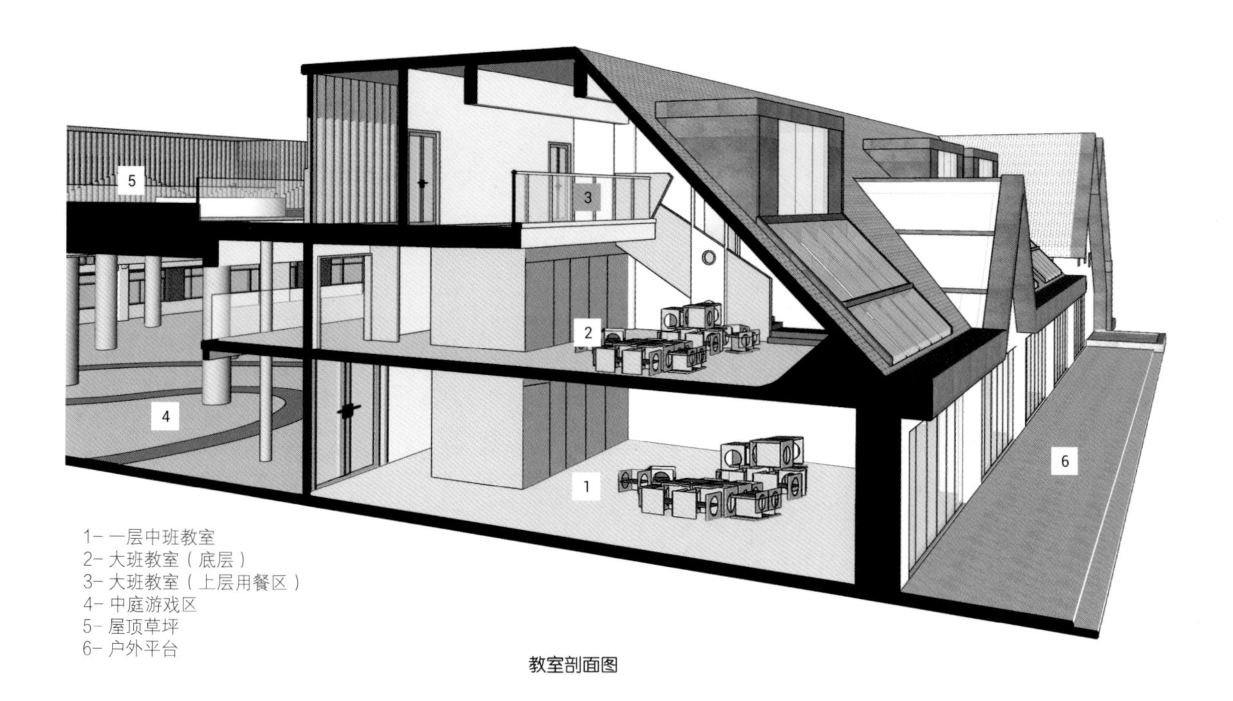
5
3
2
4
1
6
1- 一层中班教室
2- 大班教室（底层）
3- 大班教室（上层用餐区）
4- 中庭游戏区
5- 屋顶草坪
6- 户外平台

教室剖面图

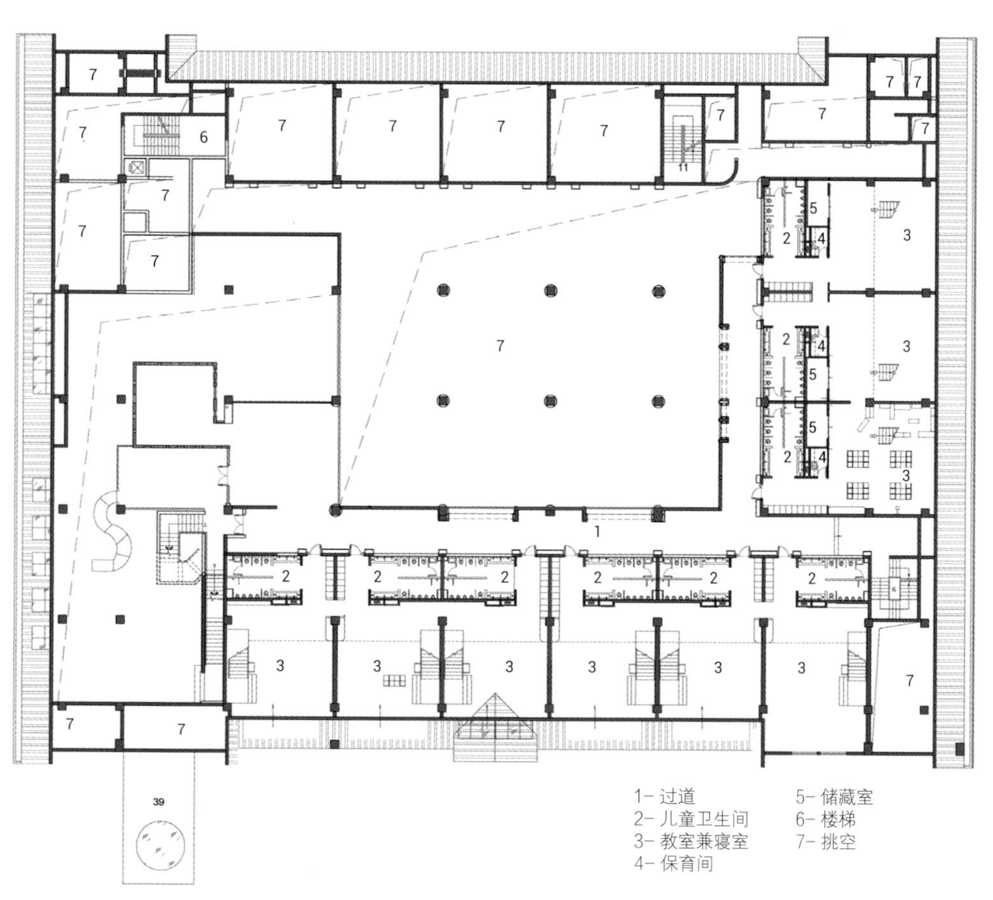
1- 过道
2- 儿童卫生间
3- 教室兼寝室
4- 保育间
5- 储藏室
6- 楼梯
7- 挑空

夹层平面图

空间虽然简约，但在特别的地方设计师们也设计了许多别致的设计。在项目的细节处理上，设计师选择对幼儿友好触感的建材，家具根据各年龄层儿童的身高订制尺寸，空间内所有的电源插座与开关的设计也都定位在儿童接触不到的高度。最终的空间不是即时的灵感迸发，实际上是一系列关联的空间操作过程中凝固的一个瞬时状态。

12- 中庭小房子
13- 教室卫生间

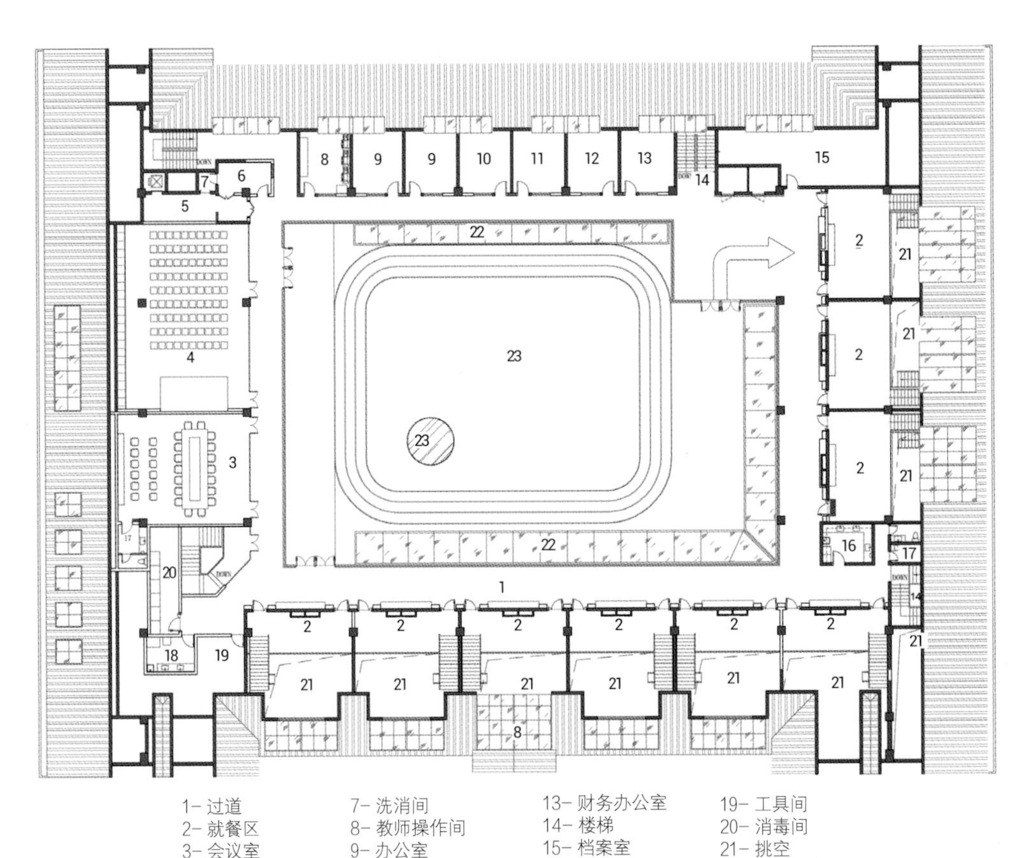

1- 过道
2- 就餐区
3- 会议室
4- 多功能室
5- 备餐区
6- 多功能活动区
7- 洗消间
8- 教师操作间
9- 办公室
10- 副园长办公室
11- 外籍园长办公室
12- 园长办公室
13- 财务办公室
14- 楼梯
15- 档案室
16- 保育间
17- 儿童卫生间
18- 传染病保育间
19- 工具间
20- 消毒间
21- 挑空
22- 采光天窗
23- 上人平屋面

二层平面图

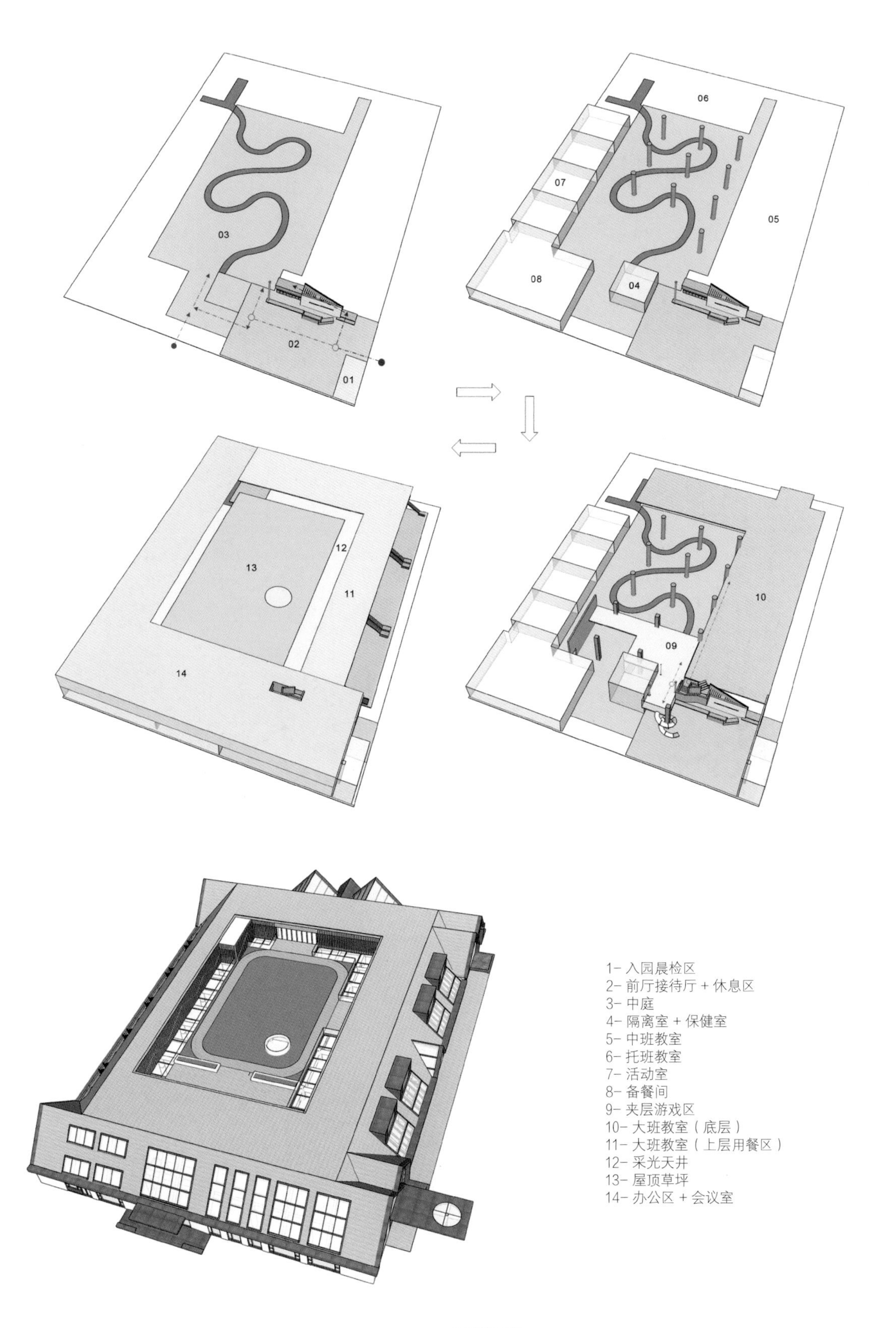
1- 入园晨检区
2- 前厅接待厅 + 休息区
3- 中庭
4- 隔离室 + 保健室
5- 中班教室
6- 托班教室
7- 活动室
8- 备餐间
9- 夹层游戏区
10- 大班教室（底层）
11- 大班教室（上层用餐区）
12- 采光天井
13- 屋顶草坪
14- 办公区 + 会议室

模型分层图

为家长们设计的交流空间

学校里除了孩子和老师，还有家长们。从空间的这些使用者需求出发，空间里的互动与交流很重要。在家长等候区设计师们设置了一个可以互相交流的咖啡休息区。前厅的背景墙故意留白，用于投影播放孩子们的日常作品，让家长们在等候时，增加与空间的互动，也可以让家长们了解到幼儿园的文化特色。

14- 休息区吧台
15- 前厅接待（留空接待背景墙可做互动投影）
16- 前厅接待厅 + 休息区
17- 医务室及隔离室

18. 前厅休息区

设计师寄语

人生需要很多把钥匙，幼儿园是开启人生的第一把钥匙。设计师们在极力创造一个温暖简约，诗意且具有艺术的世界，想要给孩子们一个奇异的世界，让他们可以在这里体验、成长，感受四季，同时也让家长与员工无需时刻牵挂安全的空间。在这里，孩子们嬉戏追逐、欢乐探险，用稚嫩的脚步丈量“第二家园”……翩翩骏马去，自是少年行。或许这是关于成长最美的注解。

设计师问答

1. 室内主要使用了什么装饰材料，为什么选择这种材料？

空间里的地面是法国进口的地胶，有很强的防撞效果，而且耐磨度很好。墙角和方柱子全都进行了倒圆角的处理。空间里的其他材料，除了全面考虑环保和防火之外，也和功能有很大关系。比如说，有些在过道和教室里的墙面用了白板漆和黑板漆；有些墙面虽然看似普通的乳胶漆，但其实有磁铁的功能，希望小朋友在不同的地方都能找到乐趣。教室里墙面的木质洞洞板，则能随意摆放层板或吊挂物件，添加灵动性。

2. 室内主要颜色的选择和搭配，营造了什么样的氛围？

该项目位于一个周围都是大自然与绿色的区域，在那里人们可以感受到季节的变化，如田野、池塘、森林、树林等。设计团队试图将室内设计与周边环境融为一体，因此，仔细选择淡粉彩的颜色和浅色木饰面，使空间感觉舒缓和清新，宛如梦幻童话世界里唯美柔和的画面。这种微妙和安静的组合，希望促进孩子更多的想象力和聚焦点。该项目（特别是公共区域）旨在不仅为儿童，而且为他们的家长和学校经营者提供交流的空间，温馨的材料搭配，提供平和舒适的互动和归属感。

大孚双语幼儿园

项目地点
浙江省台州市三门县
西区大道
场地面积
12000m²
建筑面积
10000m²
室内面积
10000m²
设计公司
上海思序建筑规划设计有限公司
主持设计师
王涛
设计团队
戴庆辉 / 陈立峰 / 董雯
司迪 / 卢琴 / 李京捷
合作方：
上海都市建筑设计有限公司（施工图设计）
摄影
吴清山 / 余未旻

缘起：一个美丽的海边城市

大孚双语幼儿园由台州社发集团投资，上海交大教育集团运管，思序设计团队全程设计。位于滨海县城三门，一个美丽的海边城市，地处台州以东，环境优美，群山环绕。和许多三线城市的校园建筑一样，配套从属其他功能建筑，并且落后于城市发展。通过设计改变这种现状是本案需要思考与解决的问题。

破题：打破城市肌理

从空中俯瞰三门，城市沿水系布局，建筑群规整而有序地沿道路布置，规整的建筑肌理反映了城市的发展轨迹。幼儿园是孩子们的第一个艺术殿堂，设计上第一步就是打破传统幼儿园的规则布局，融合区域文化，从规则的城市肌理中跳出来，成为区域的点睛之笔。

1- 幼儿园区位鸟瞰
2- 幼儿园夜景顶视
3- 傍晚时分，中心庭院

3

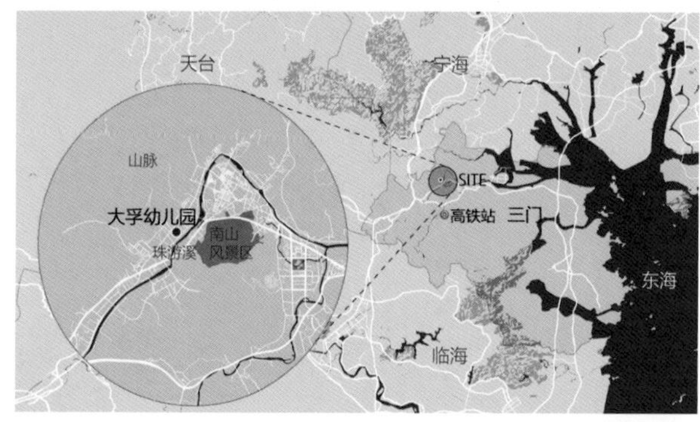

区位分析图

聚合：聆听海的故事

构思伊始，设计师们以“守护”为主要理念，似双手环抱，为建筑增添更多温度。在经过更深层的调研后，他们将三门城市的地方特色融入进设计理念中，用“聚合、环抱、回归”作为三大设计关键词，分别代表着三门核电能源优势、儿童关怀理念和拥抱海洋的情怀。最终，这所幼儿园成了一座以海螺造型为载体的“海螺城堡”，静静地诉说着孩子们道不完的成长故事。

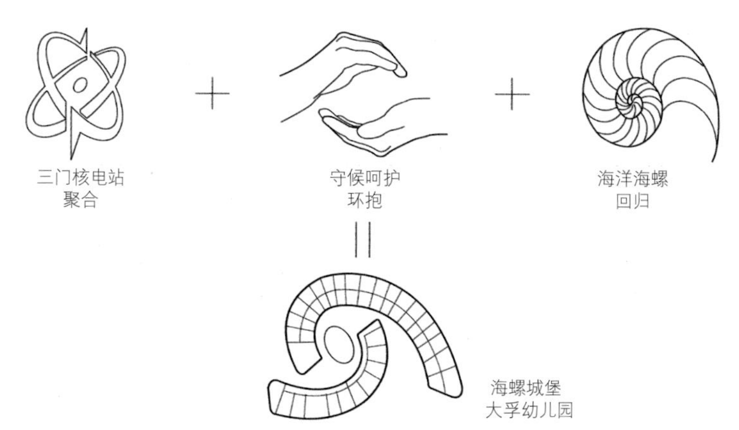

项目设计理念元素提炼

柔化：孩子需要温暖且温柔的建筑

对于幼儿园建筑，首先是儿童使用的空间载体。不同于其他性质的建筑要么需要强烈的空间感受，要么需要强对比度的形体构成以达到刺激的感官体验，幼儿园建筑首要的设计原则是安全，不仅是空间物理上的安全，更加应该提供的是儿童心理层面的安全被保护的空间体验。

在项目地块允许的条件下，幼儿园采用双曲线形的形体空间构成，打造一个顺畅温柔的建筑。从入口空间起，便让孩子进入到了被包裹的柔和空间。

4- 幼儿园像一只白色海螺
5- 傍晚时分，幼儿园鸟瞰
6- 清晨，小朋友入园
7- 环抱曲线的空间
8- 孩子在中心庭院奔跑

奔跑：汇聚到中心庭院

沿着入口的是弧线形的安全路径，孩子沿着明亮流畅的中庭肆意奔跑，便进入了拥抱聚合的“核心”——中央庭院中。这是一个椭圆形的中庭空间，抬头便能望见天空，呼吸自然空气。整个二楼都设计成开放式的庭院，由环绕走廊相连，为半室外的空间，室内外的界限在此消隐，而“藏”在分隔墙之后的是孩子们的教室。它们被很好地包裹在了海螺的拥抱中，让孩子们可以在自由的环境下学习成长。分隔墙采用多种形式组合的模式，钢丝网编制、亚克力屏风，疏密有致、虚实结合。

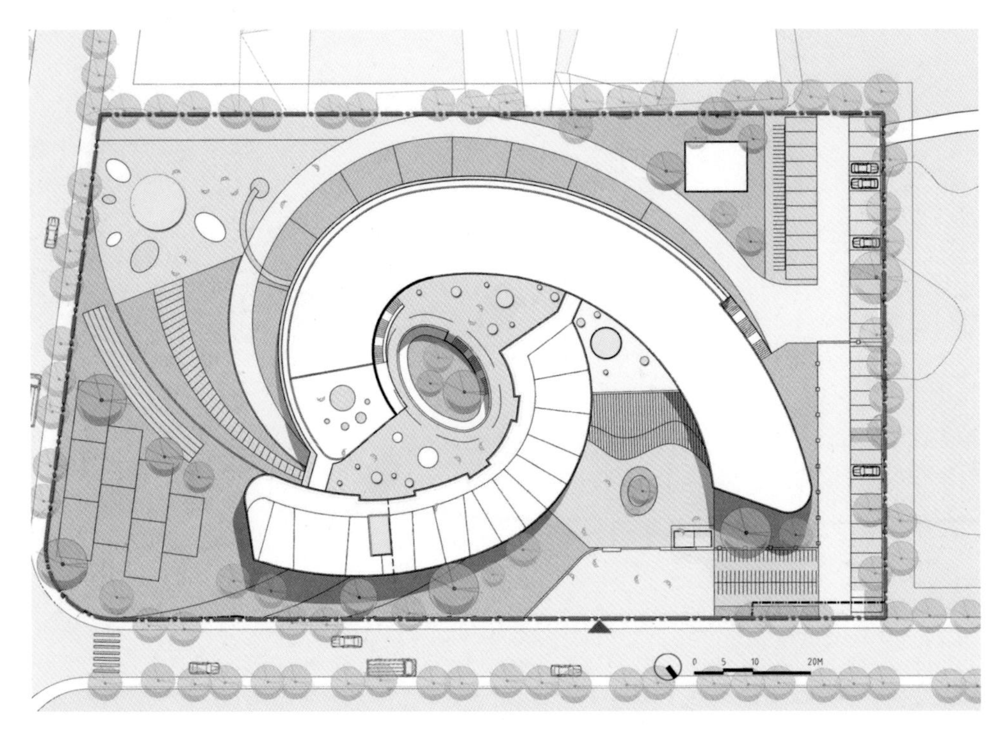

平面图

连接：可以眺望远方的坡道

除了可以让孩子们拥有二楼整层的活动空间外，设计还顺势而为，将孩子们的活动脚步从二楼延展至一楼的户外活动空间，独具匠心的自然景观坡道就此诞生。孩子们在坡道上可以完全释放天性，不管是跑步、攀爬，或者是使用玩乐设施，都有清风和阳光伴随左右。

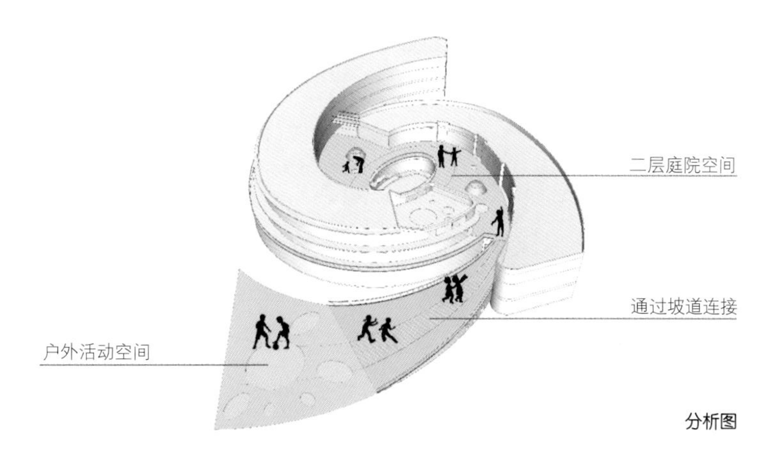

分析图

9- 孩子们在后场玩耍
10- 绿色坡道细节
11- 从坡道眺望远方

12- 大厅生命树的陪伴
13- 从天井仰视
14- 大面积的窗户（活力木工坊）
15- 孩子们在阅读

12

13

陪伴：用大树陪伴孩子们成长

从入口至中庭和大厅天井，都种植了大树。随着气候、季节和岁月的变化，大树的面貌将会改变，但无论什么情况下，它们都向阳而生，寓意孩子和这些生命之树一样，茁壮成长。大树、孩子和幼儿园形成了一种很好的连接。在巧妙的天井设计中融入大树，让大厅空间拥有了舒适的自然时光。

大树种植位置示意图

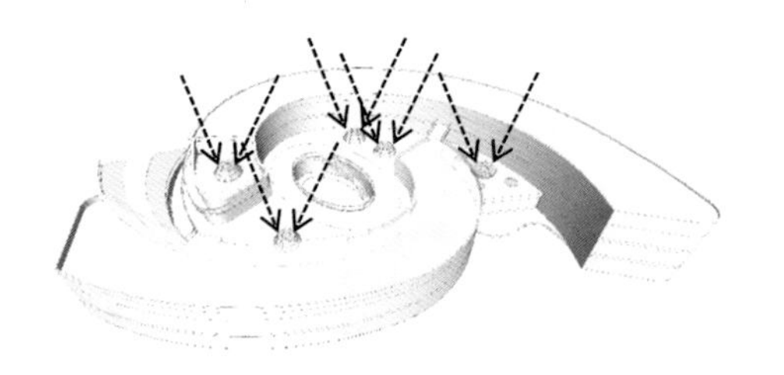

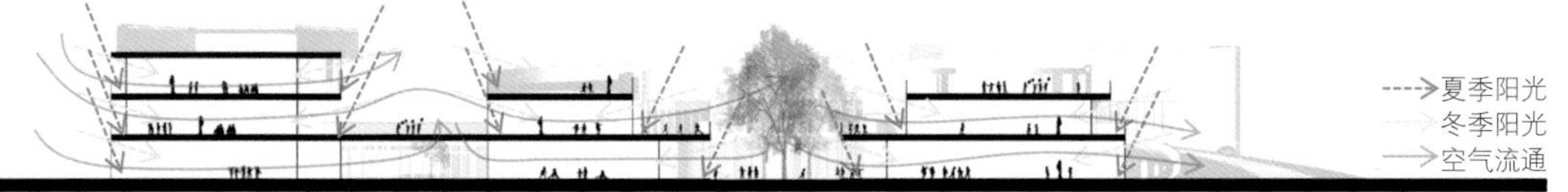

建筑开窗引光示意图

引光：不开灯也可以

每一间教室最大的特色是搭配大面积的窗户，让房间溢满阳光。两侧开窗也保证了通风，同时还设置很多天窗，将太阳光直接引入室内。大面积的窗户和天窗，让一天的光线中的每一刻都被加以利用。光线充足，真正做到不开灯也可以。

16- 弧形的墙体划出丰富多彩的书屋空间
17- 阳光洒满室内（智慧图书室）
18- 斜坡下收纳空间
19- 屋顶景墙围合成海盗船一样的形态
20- 孩子们在门洞躲猫猫

多元：多功能厅及智慧图书室

每一间教室的功能都不是单一的，复合性的空间利用给空间的使用定义更多的可能性。

多功能厅：收起窗帘和投影幕布，它一下变成了孩子们的趣味活动室，阳光满溢，自由自在；将窗帘放下，点亮投影，这里便成为孩子尽情展现自己的舞台。

智慧图书室：用多样的色彩和多元的弧形隔断，形成相对独立又具有连通性、视觉通透的多元空间。沙发、长椅和小凳子随意摆放，可坐可躺，让孩子不自觉沉浸在阅读的魅力中。

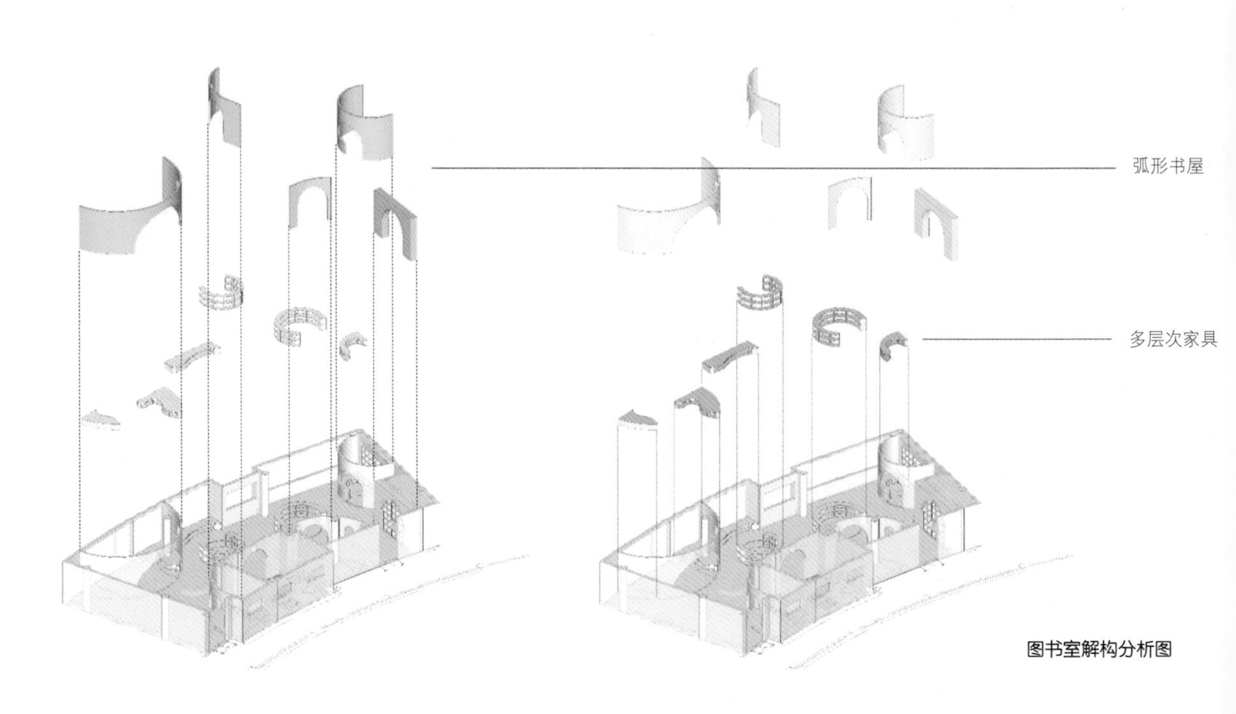

图书室解构分析图

18

19

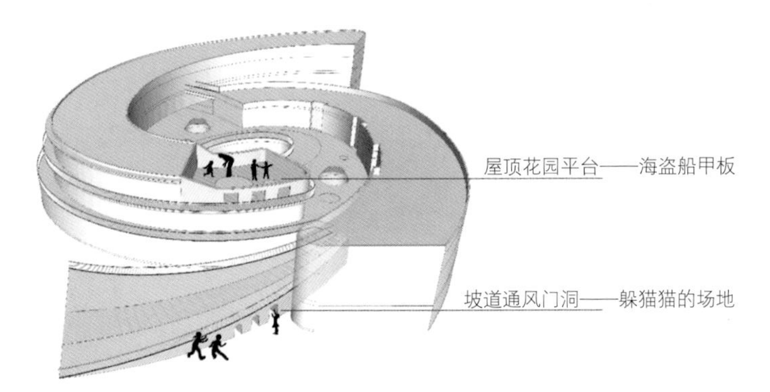

意外的空间位置示意图

解锁：孩子们自己探索到的意外空间

在因地制宜、顺势而为的设计之中，还产生了很多有意思的“意外空间”。在坡道上为通风而设计的门洞，是孩子们建立想象力和友谊的秘密基地。而屋顶花园的景墙，围造成海盗船的形状，成了孩子们的另一个秘密营地，探险的故事即将在此展开。

20

21- 孩子们在眺望远方
22- 老师和孩子
23- 老师和孩子们在后场玩耍

21

成长：时间的维度与空间的留白

项目落成，设计师们退去他们对纯粹主义的追求，放下身份，把学校回归使用者，在恰当的空间适当地留白，给学校成长的可能性。

老师在大厅留白的柱子画上美丽的图案，它便展现出来一种新的面貌，像一次重生、一种成长。这些留白让幼儿园因为老师和孩子们的参与而变得完满。

22

23

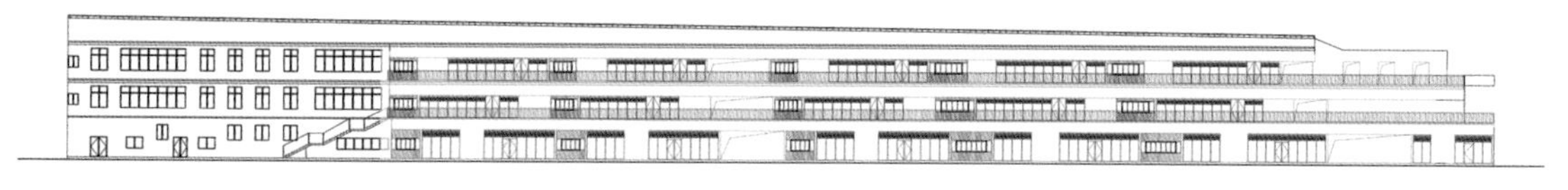
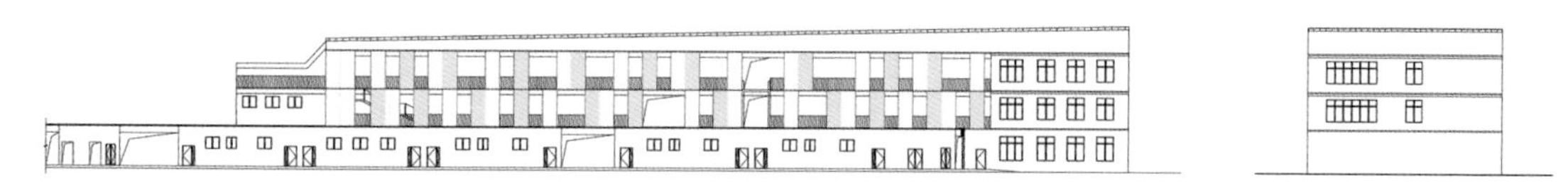

南楼立面图

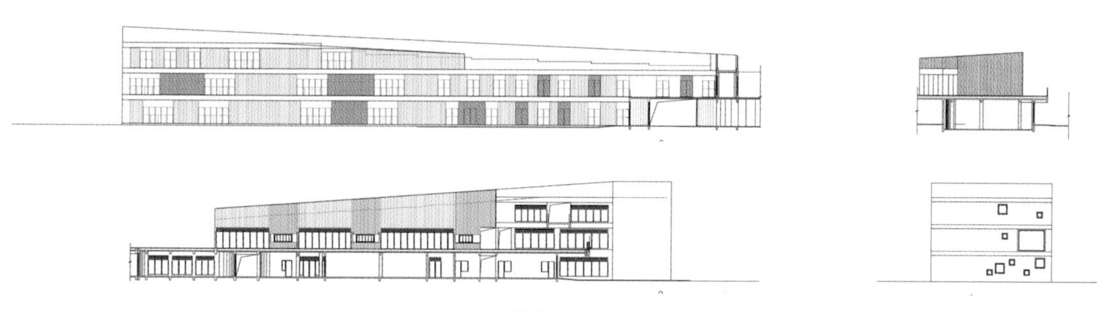

北楼立面图

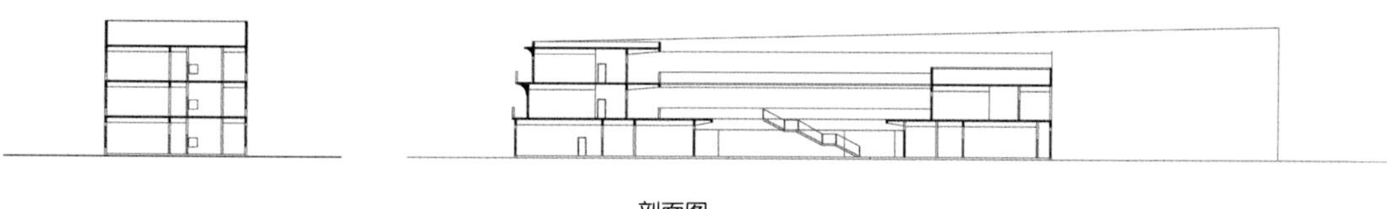

剖面图

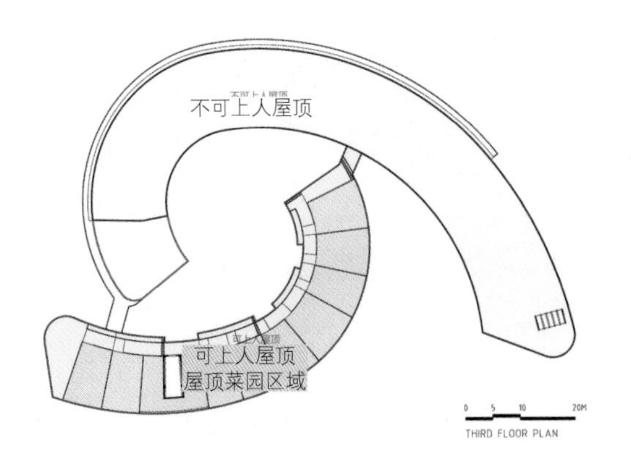

屋顶平面图

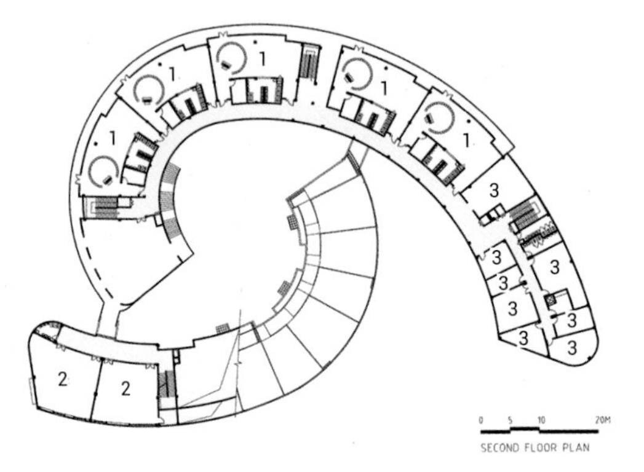

三层平面图

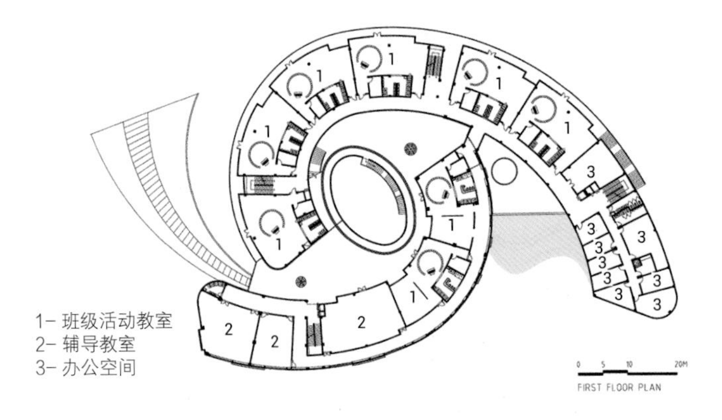

二层平面图

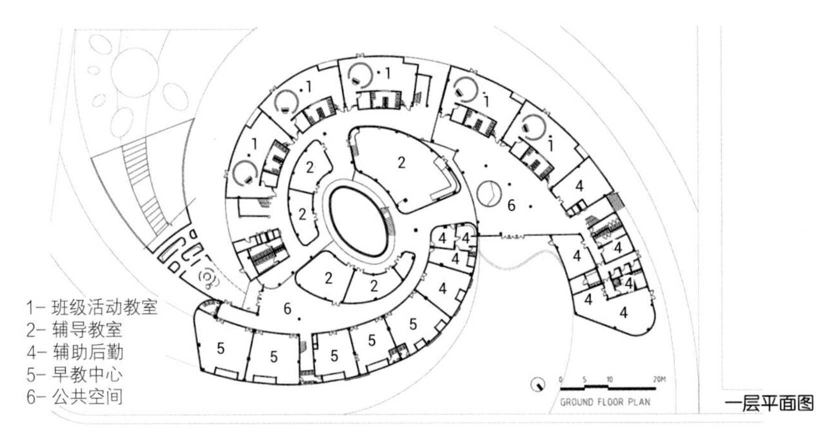

一层平面图

结语：本土的适合的才是最好的

当“最美幼儿园”称号此起彼伏，设计师们选择返璞归真，将符合当地文化和区域特色、适合当地教育理念作为首要设计准则。只有对当地儿童教育模式、对孩子个性发展最有帮助的，才是“最好”的幼儿园设计。创造一所好的幼儿园不仅是献给孩子的礼物，同时也是献给城市的文化名片。

24- 曲线建筑环抱形成椭圆中庭空间

设计师问答

1. 室内主要使用了什么装饰材料，为什么选择这种材料？

设计师尽心挑选木质板材、穿孔石膏板、软膜顶棚、木色铝格栅、科技木饰面等材料用于室内装饰中，主要考虑安全环保，同时还要满足易清理易保养，耐压耐磨耐腐蚀。

2. 室内主要颜色的选择和搭配，营造了什么样的氛围？

室内的色彩延续建筑统一风格，自然柔和的木色与绿色，体现生态自然、突显色彩温馨，同时大量留白，只为给孩子们打造一所完美的海螺城堡，让孩子们可以在这里开心学习，健康成长，尽情逐梦。

倍磊幼儿园

项目地点
浙江义乌
建筑面积
8000m²
设计公司
上海思序建筑规划设计有限公司
主持设计师
王涛
设计团队
戴庆辉 / 陈立峰 / 司迪 / 卢琴
李京捷
合作方
上海都市建筑设计有限公司（施工图设计）
摄影
上海四茂摄影工作室

义乌佛堂倍磊幼儿园：村镇肌理的“缝合”与“亮化”

传承延续，重塑古村风韵。
创新发展，演绎现代中式。
关注成长，创造快乐空间！

区位背景：村镇肌理的“缝合”

为补齐学前教育短板，义乌市提出“百园工程”计划。义乌市城投集团承建其中 50 所，思序设计有幸参与其中三所幼儿园的全程设计工作，义乌佛堂倍磊幼儿园就是其中一所。

本园位于义乌市佛堂镇倍磊乡。从空中俯瞰倍磊乡，在茫茫岁月间人们将自己的智慧和汗水，用木头与石块在他们脚踩的土地上作画，一寸寸一块块地描绘出属于这个地方的独特的乡村肌理。这个项目的设计目的就像一直生长于此地，与周边建筑及现状空间都恰到好处地融为一体。

园所用地南侧为连绵山体，自然风景优美，距金义东公路较近，交通非常便捷。周边多为村落居住区，环境安静。用地范围为南北朝向，东西向最长边约 110m，南北向最长边约 86m。

1- 幼儿园鸟瞰顶视
2- 幼儿园整体鸟瞰
3- 幼儿园建筑立面细节

建筑风格：中式徽派风格的“亮化”

本园建筑风格主要采用与佛堂建筑风貌相协调的中式徽派风格。佛堂镇因佛而名，因水而商，因商而盛，为浙江四大古镇之一。佛堂古镇的建筑外观传承徽州民居的马头山墙；细部装饰以及建筑结构、构造方面融入独特的地方木雕、砖雕、石雕工艺。精美的建筑记录着当年此处“鸡毛换糖”的繁华。

本着“师法自然，顺乎形式”的设计原则，设计在传承延续古村风韵的基础上创新发展，点缀符合幼儿心理的趣味化立面色彩和造型处理，力求建筑形态使幼儿园更具有亲切感。

区位图

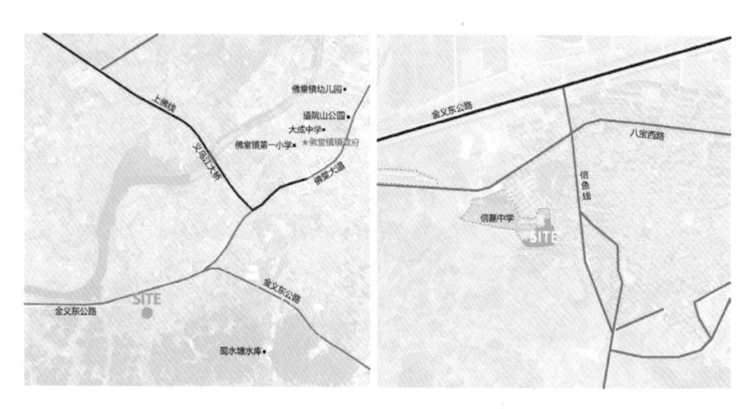

区位图

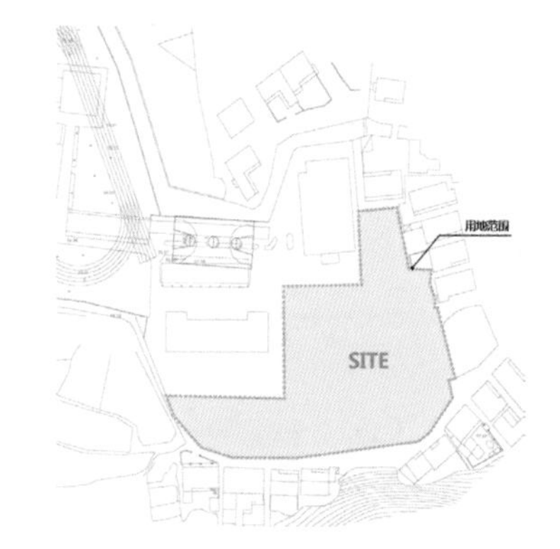

场地分析图

4- 孩子们在室外装置玩耍
5- 孩子们在二层庭院游戏

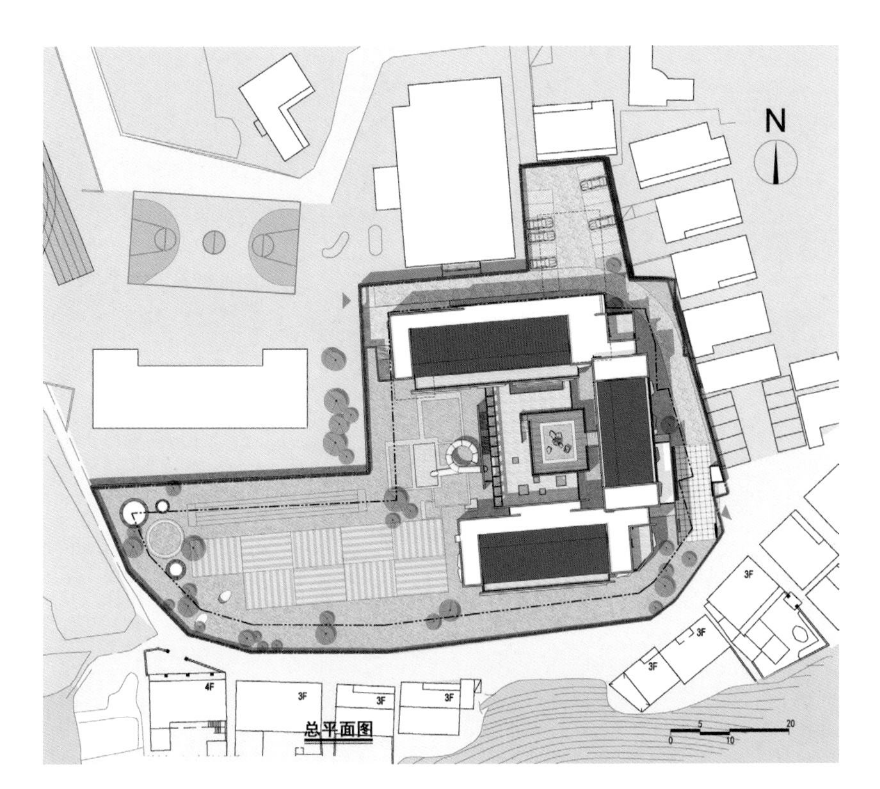

平面图

建筑体量层次丰富，给幼儿园创造各式各样的活动空间，不仅提升校园生活品质，也有益提高幼儿的思维创造力。建筑色彩主要以“白墙黑瓦”为主，有机结合多样色彩，塑造出生态柔和的校园文化形象。明亮的建筑色彩以及围合式的内庭院，是孩子们释放天性的乐园。

6

空间营造：关注成长的快乐运动

“让运动成为我们的生活方式”是义乌佛堂倍磊幼儿园的园所主题，所以设计师打破传统的儿童教育设计模式，以新的角度把设计的重心放到“玩耍的过程”之中，以打造最适合孩童的学习环境。

7

8

6- 孩子们在室外操场运动
7、8- 连接上下空间的钻爬网
9- 钻爬网细节
10- 钻爬网是小朋友最喜欢的地方

建筑体量集中式布局，形成东侧入口广场和西南面活动场地，设计架空活动平台和露台，形成不同层次的校园活动空间。设计师在这里巧妙地利用二楼走廊，扩展出一个平台，用钻爬网连接到地面，使其成为一个特制的玩具组。这个钻爬网是小朋友们最喜欢的地方，户外活动必玩的项目。

东立面图

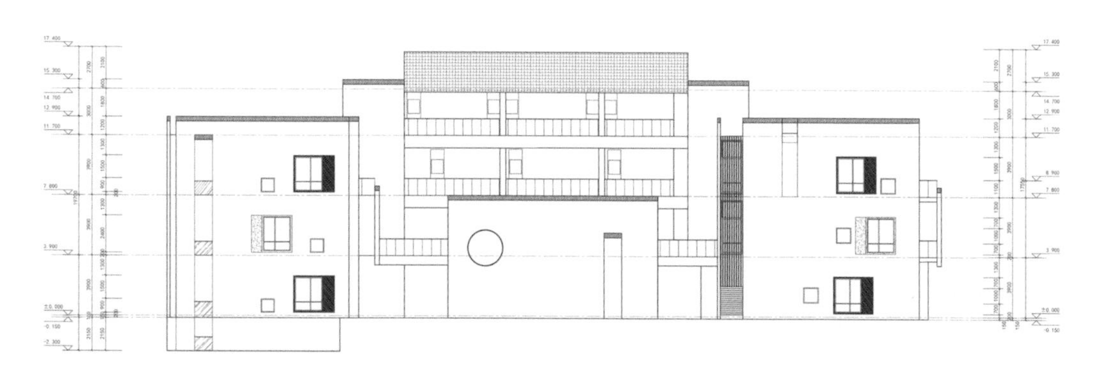

西立面图

南立面图

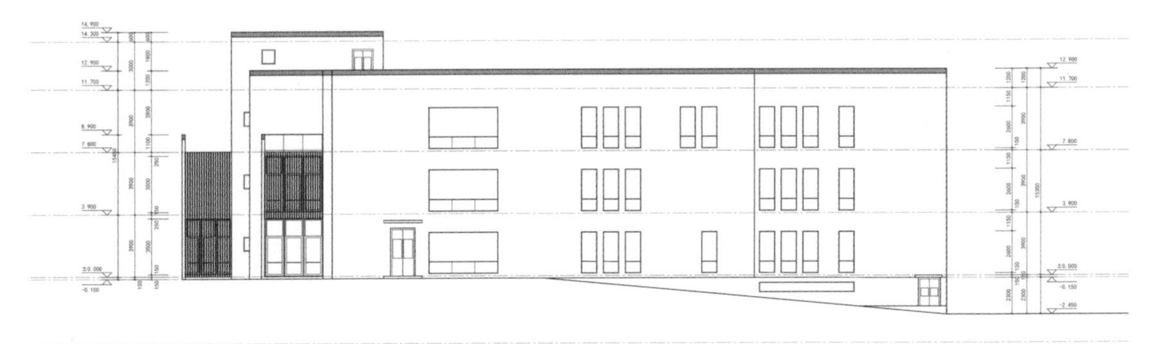

北立面图

园所室内设计依然围绕“运动与玩耍”这一主题，着重“关注成长，快乐运动”的空间营造，以快乐和满足为目的，以奔跑、攀爬、操作、摆弄为途径，通过孩子的互相交往、互相合作，提高孩子处理问题、解决问题的能力，促进孩子良好的个性发展！

布局整齐的接待大厅整体以实用性为主，设计简约的空间布局及造型，主要通过色调及收纳设计，增加空间的活跃度。一个圆形家具的放置，体现了动中有静的韵味。

11

12

13

11- 可运动的室内游戏器具
12- 幼儿园接待大厅
13- 自然木色调的教室
14- 原木素色的走廊空间

14

原木素色的教室和走廊空间，给孩子们带来不一样的学习体验。还有科学发现室、烘焙教室、陶艺教室、多功能厅，保留徽派建筑的古韵的同时体现了各个空间所具有的功能性。

幼儿园是孩子们迈出的第一步，他们走出原始的小家庭，来到幼儿园这个大家庭，每一天每一步都在成长，希望倍磊的孩子们都能在这个美丽的幼儿园健康成长。

设计师问答

1. 室内主要使用了什么装饰材料，为什么选择这种材料？

室内主要使用的材料是木质板材、软膜顶棚、科技木饰面和环保涂料等，在兼顾成本与环保的同时满足易清理易保养、耐压耐磨耐腐蚀。

2. 室内主要颜色的选择和搭配，营造了什么样的氛围？

室内主要颜色选择了素白和木色的搭配，原木素色的教室和走廊空间给孩子们带来不一样的学习体验，营造出园所“运动与玩耍”的主题，同时保留与体现徽派建筑的古韵，让孩子们健康学习、快乐运动。

狮子国际幼儿园

项目地点
广东省广州市
场地面积
700m²
建筑面积
500m²
室内面积
1000m²
设计公司
VMDPE 圆道设计
主持设计师
程枫祺
设计团队
张健 / 卢育纯
摄影
半拍摄影

利用空间解放幼儿天性

主持设计师程枫祺在设计中提到："我们希望创造一个在室内空间，却能打破室内空间常有的规整，力图创造一个有序的有趣的探索空间。灵感来自于小时候对于孩子们的'秘密基地'的想象，像是蚂蚁窝在地下的结构一样，由一个个小路径联系着一个个小空间，充满乐趣。"

项目背景

狮子国际幼儿园项目位于广州市天河区的一个老社区内，周围环绕着老式住宅。社区本身缺乏幼儿活动场地，这里的孩子们急需一个舒适安全的环境来学习与玩乐。

项目选址在一个仅有 500m² 的老粮仓内，面对功能、空间与环境的多重矛盾关系，VMDPE 圆道设计力图通过设计，突破周边环境和建筑空间的双重限制，为老城区内的孩子们创造一个健康、环保的可持续性成长空间。

作为一个鼓励幼儿自由探索的教育机构，狮子国际幼儿园遵循 STEAM 教育理念，即"科学、技术、工程、艺术、数学"多学科融合。教育理念与国际接轨，注重幼儿的全面协调能力发展，引领幼儿在自由探索的环境下，通过身体力行，培养自己的观察能力、解决问题的能力、合作能力、思维能力、沟通能力，乃至启发他们保护环境珍爱生命的社会责任感。基于此，VMDPE 圆道设计公司将本案的室内设计与 STEAM 理念进行了无缝接轨。

1- 建筑入口
2- 表演区
3- 户外活动区

3

4- 入口换鞋区
5- 表演区（开放）

拓展空间形态层级

项目改造前是一个老旧的仓库，面积不大，挑高近 7m，存在单侧空间开窗狭窄采光不足的问题。出于对儿童身体和心理健康的考虑，圆道设计决定扬长避短构建空间的大体格局——将空间分成两部分，前侧安排为课室，保证充沛的阳光；后侧将原有开窗扩大，增加透光度，依靠空间的层高优势，利用贯穿空间的大楼梯，划分出更多可以用来发展儿童天性的自由探索空间。

为了与国际教学标准结合，前侧课室分为上下两层：一楼设置木工课室和舞蹈课室，二楼设置美术课室和科学课室。通过合理的学习分区、多样化的师幼互动突出 STEAM 多学科融合教育的概念。后侧的自由探索空间通过空间内的主楼梯，将滑梯、儿童阅读平台、开放式儿童烹饪教室及角色扮演区等分段式穿插在空间内。

同时，一楼课室的门在打开后营造出一个可以组织小型演出或集体活动的户外空间。通过对空间区角的灵活化使用，在功能上对不同空间进行定位，丰富幼儿教育空间的教学内容。圆道设计在本案中的设计彻底弥补了国内幼儿教育空间一直以来功能性不明确且存在缺失的问题。丰富的室内活动区域，不仅可以诱发儿童的探索心理，也让他们可以自由选择，根据自己的兴趣爱好进行主观探索。

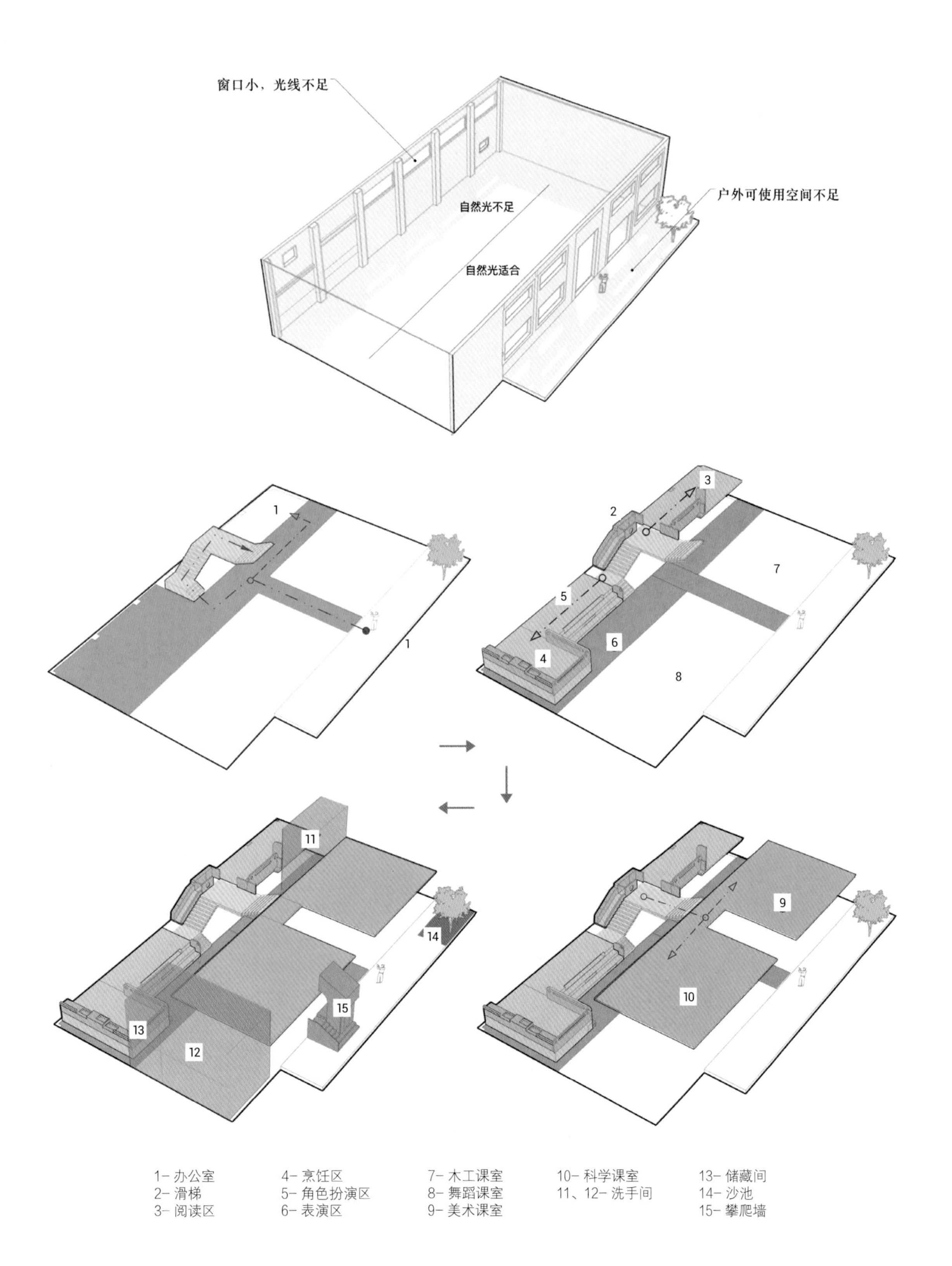
窗口小，光线不足
户外可使用空间不足
自然光不足
自然光适合
1- 办公室
2- 滑梯
3- 阅读区
4- 烹饪区
5- 角色扮演区
6- 表演区
7- 木工课室
8- 舞蹈课室
9- 美术课室
10- 科学课室
11、12- 洗手间
13- 储藏间
14- 沙池
15- 攀爬墙

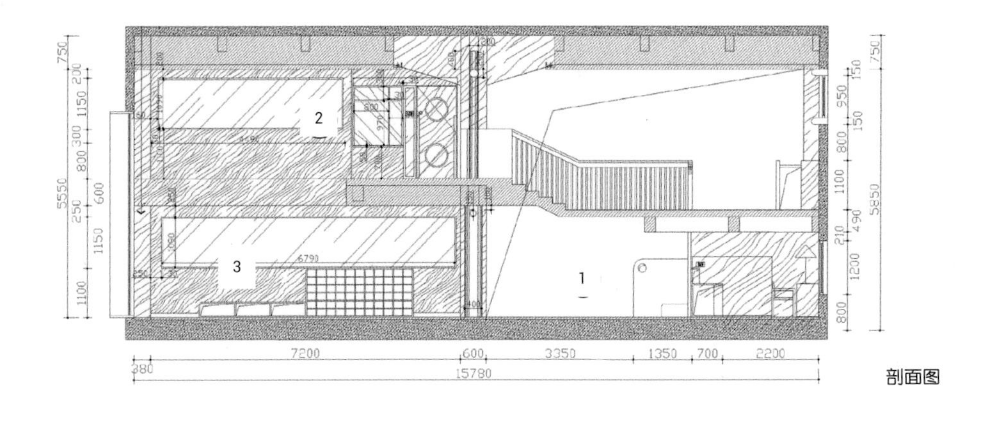

剖面图

1- 表演区
2- 科学课室
3- 舞蹈课室
4- 烹饪区
5- 角色扮演区
6- 滑梯
7- 阅读区

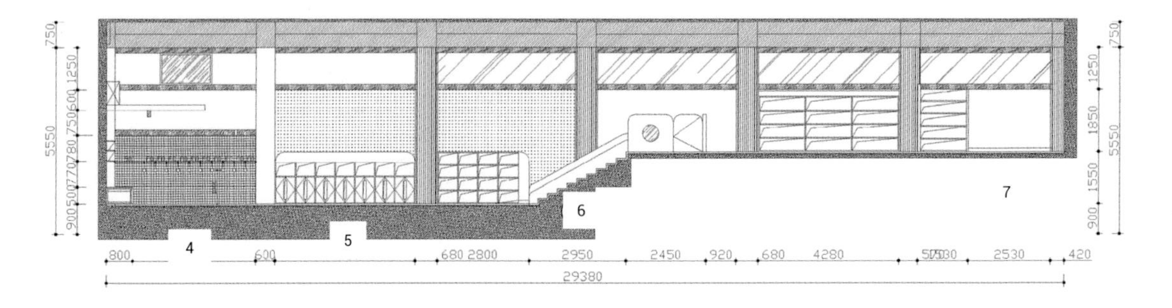

立面图

可持续设计模块化

项目在设计上以原木色为主，用简单质朴的设计向孩子们展示出设计师和教育者的可持续性环保理念。由于圆道设计专业从事幼儿教育空间的设计，因此格外注重空间的环保性和安全性，采用模块化的设计方法是达到这一目的的有效手段。空间内所有的产品经过场外模块设计生产后，再在现场进行拼装组合，从而减少对场地的污染，降低对孩子的二次伤害，真正实现设计的可持续性目的。

圆道设计认为，模块化设计手段可以有效控制设计和生产成本，通过定位空间的功能性，针对性地生产相关模块，在设计之初就可以给甲方提供整个设计投资大体的预算。虽然该项目处于中国的一线城市，但这种成本适中、健康可持续的模块化设计对中国的二、三线城市的教育空间市场而言具有很强的实用性和适用性。

6

7

儿童尺度精准细节化

在项目的细节处理上，设计师选择对幼儿友好触感的建材，家具根据各年龄层儿童的身高订制尺寸，空间内所有的电源插座与开关的设计也都定位在儿童接触不到的高度。对于幼儿教育场地一直缺失的户外使用空间，圆道设计也将室外不大的庭院功能化，以扩充孩子的活动区间。考虑到水、沙、石是幼儿最喜欢的自然元素，因此在户外设计了沙池和攀岩墙，这种设计可以迎合不同年龄段孩子的成长需求。狮子国际幼儿园项目充分体现了对幼儿发展和使用的思考与设计，打造国际化幼儿教育成长空间的设计核心。

8

9

6- 阅读区
7- 木工教室
8、9- 表演区(活动)

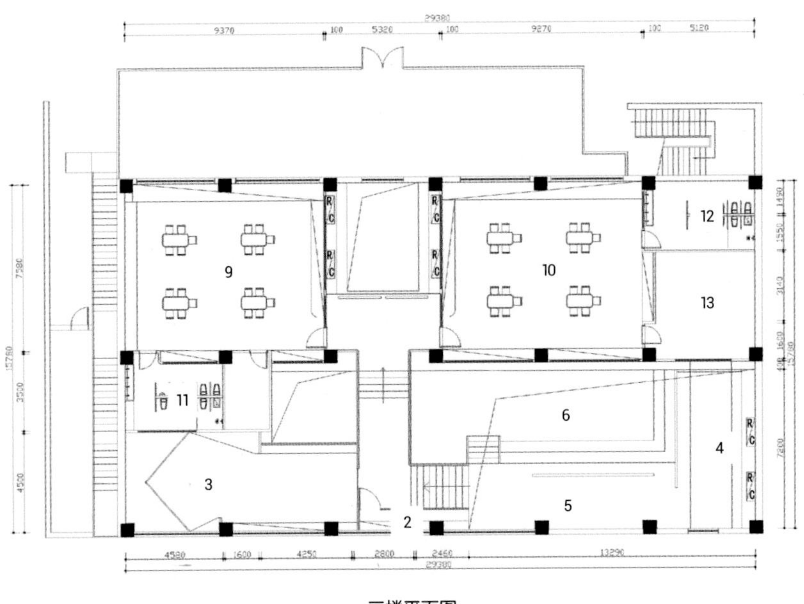

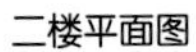
二楼平面图

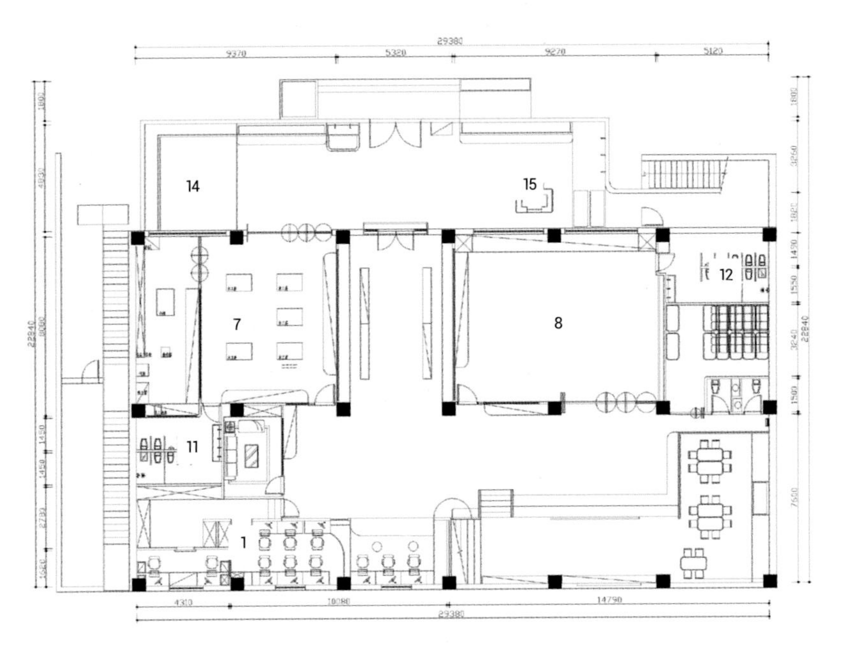

一楼平面图

1- 办公室
2- 滑梯
3- 阅读区
4- 烹饪区
5- 角色扮演区
6- 表演区
7- 木工课室
8- 舞蹈课室
9- 美术课室
10- 科学课室
11、12- 洗手间
13- 储藏间
14- 沙池
15- 攀爬墙

设计宗旨

随着近年来中国对幼儿教育的注重，圆道设计专业地做出了一个回应场地条件局限并符合品牌方国际化教育理念的幼儿园，它被寄望成为社区服务的一部分，以安全、健康、可持续为宗旨实现其社会职能。

10、11- 室内部分

设计师问答

1. 室内主要使用了什么装饰材料，为什么选择这种材料？

室内装饰中，所有材料都进行了倒圆角处理，并且地面上采用的全部是防滑材料，尤其是在卫生间内，采用的是有抑菌防臭功能的专用地胶。部分儿童活动区域，用的是 6mm 厚儿童专用运动地胶，加强防撞效果。防火方面，顶棚的所有构造采用 A 级防火材料，墙地面采用 B1 级防火材料。环保方面，特别强调装饰材料采用最高环保等级的材料，比如 E0 级板材。另外，墙面表面材料使用的是大理石墙面漆，这种漆面容易清洁，方便教室做环创，易打理。

2. 室内主要颜色的选择和搭配，营造了什么样的氛围？

因为该项目定位为日托，也就是面向年龄较小的孩童，所以希望呈现一个稍微丰富及有趣的效果，激发孩子初期的探索欲。设计使用的色系是较为柔和的莫兰迪色系，原因是该色系柔和的配搭不会让整个环境变得过于刺激，这个年龄段的孩子需要心理安全感和温和感的营造，所以适当的色彩更有利于营造出这样的环境。

鲸湾幼儿园

项目地点
广东省深圳市
场地面积
320m²
建筑面积
630m²
室内面积
930m²
设计公司
VMDPE 圆道设计
摄影
何远声 / 圆道设计

项目背景

鲸湾幼儿园位于深圳蛇口鲸山别墅区内，是深圳华侨及外籍人士为主的住宅区，在这里很多家庭都急迫地需要一个更符合他们需求的教育机构。圆道设计团队接手了本次项目，为鲸湾幼儿园教育团队打造专业教育空间。

品牌理解

鲸湾幼儿园的空间设计遵循了蒙特梭利(Montessori)教育理念，即尊重儿童的天性，从自主行为、兴趣中完成学习。圆道设计相信儿童会本能地积极与外界环境相互作用，成人要做的事是观察他们的需求及协助，并提供适合的外部环境。圆道设计深刻理解并迎合鲸湾幼儿园的品牌诉求，在设计中使用了“隐性管理”设计理念，让管理从让教师紧张的“人为”变为“环境所为”，让孩子们可以在空间中作为主导，教师更安心地进行教育工作而不是教育管理。

1- 建筑外观
2- 建筑局部
3- 建筑入口

南立面图

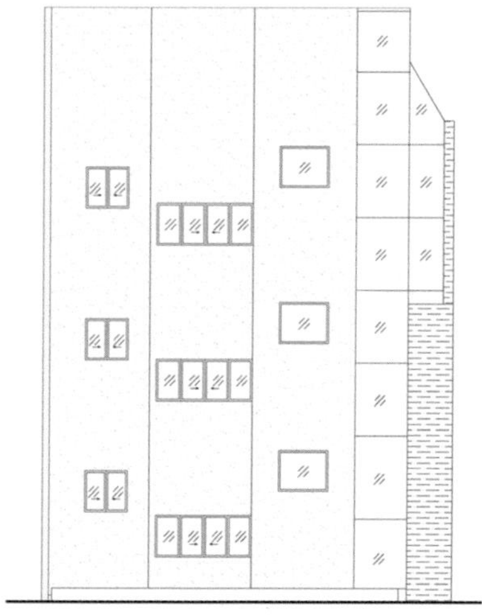

北立面图

“儿童尺度”设计亮点

整个建筑根据儿童的尺度进行了整体改造，不论是楼梯、扶手、门、窗等都对应儿童的尺度，使儿童在室内安全无障碍。对于室内地面的处理上，部分位置选择了柔软度能够锻炼小孩平衡力的地胶，幼儿园内还有些小斜坡的设计，意在让小孩活动时身体感受得到全面的发展。

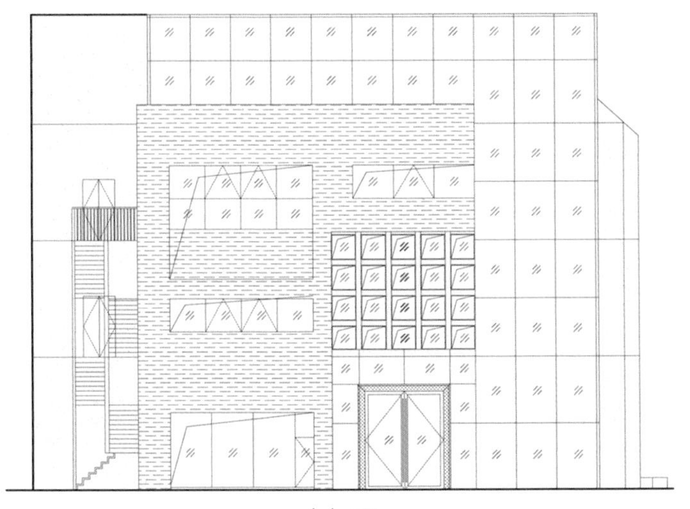

东立面图

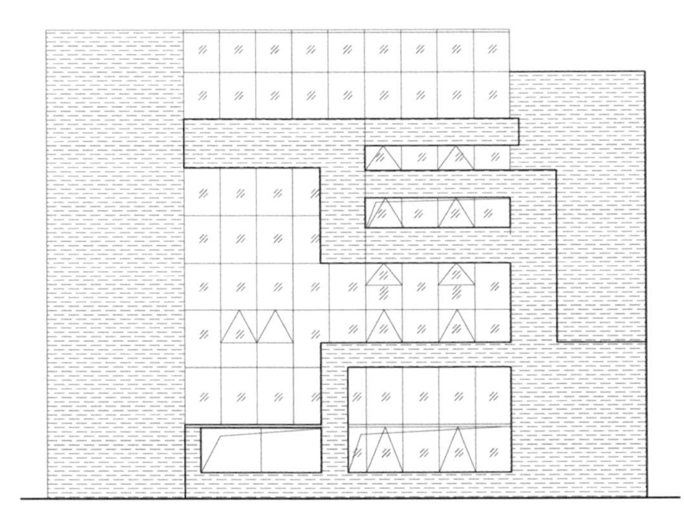

西立面图

4- 建筑正门
5、6- 建筑外观

室内设计部分

该项目旨在将原本老旧过时的楼体改造成节能、宽敞的当代教育空间。空间中圆道设计根据课程设置了美术室、音乐戏剧室、投影互动室及图书馆，户外更设立了供孩子们动手的植物种植区及各类运动场所。圆道设计对整个楼梯进行了从安全到美化的整体改造。虽然该建筑的体量有限，在能突显出空间感并满足功能的同时，圆道设计在设计的过程中对尺度的规划做了大量研究，比如：大角度倾斜的墙面，一方面"偷"出了空间，另一方面又制造了非常简洁却有趣的空间体验。另外在多个空间之间使用了玻璃的元素，在有效加强空间感的同时，对于儿童与家长、儿童与老师之间的观察和互动性也变得更容易。而简单不规则的线条以及大量木材在内部空间的使用，让整体空间营造出温暖、安全的氛围感受。材料主要考虑深圳的天气返潮等特点，为了达到易于打理和安全性的目的，使用了纹理相同但材质不同的六种材料，保证了适应各类实际情况的同时又达到了简洁统一的美感。

7- 一层大堂
8- 课室内楼梯
9、10- 课室

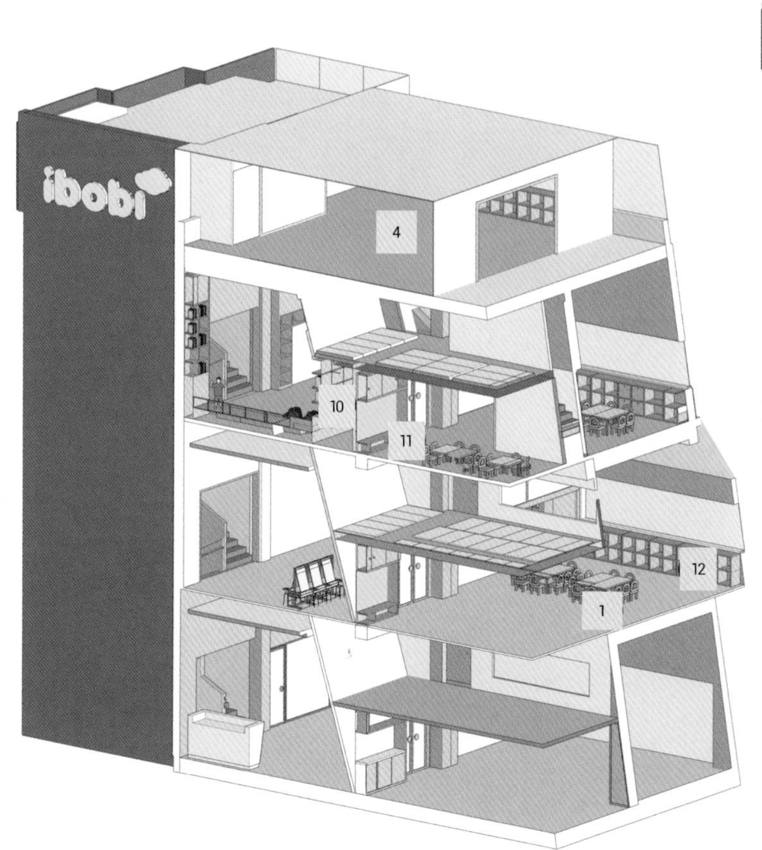

1- 课室
2- 综合课室
3- 阅读区
4- 户外区
5- 前台
6- 办公室
7- 备餐间
8- 美术室
9- 医务室
10- 安全屋角落
11- 洗手台
12- 书包柜

轴测分析图

11- 课室
12- 主楼梯
13、14- 三层阅读区

设计师寄语

圆道设计希望打造一个可以自由探索，尊重儿童成长步调，以儿童为中心，去除以成人为本位的环境。圆道希望提供一些儿童可以长期停留的空间或角落，不希望儿童始终在一种兴奋的状态，而是有动有静，有社交有独处。另外在每个空间窗户的使用都进行了反复的研究，希望阳光能透入到室内的特定位置，也希望儿童能观察到不同的天气以及景色在四季之间的变化。

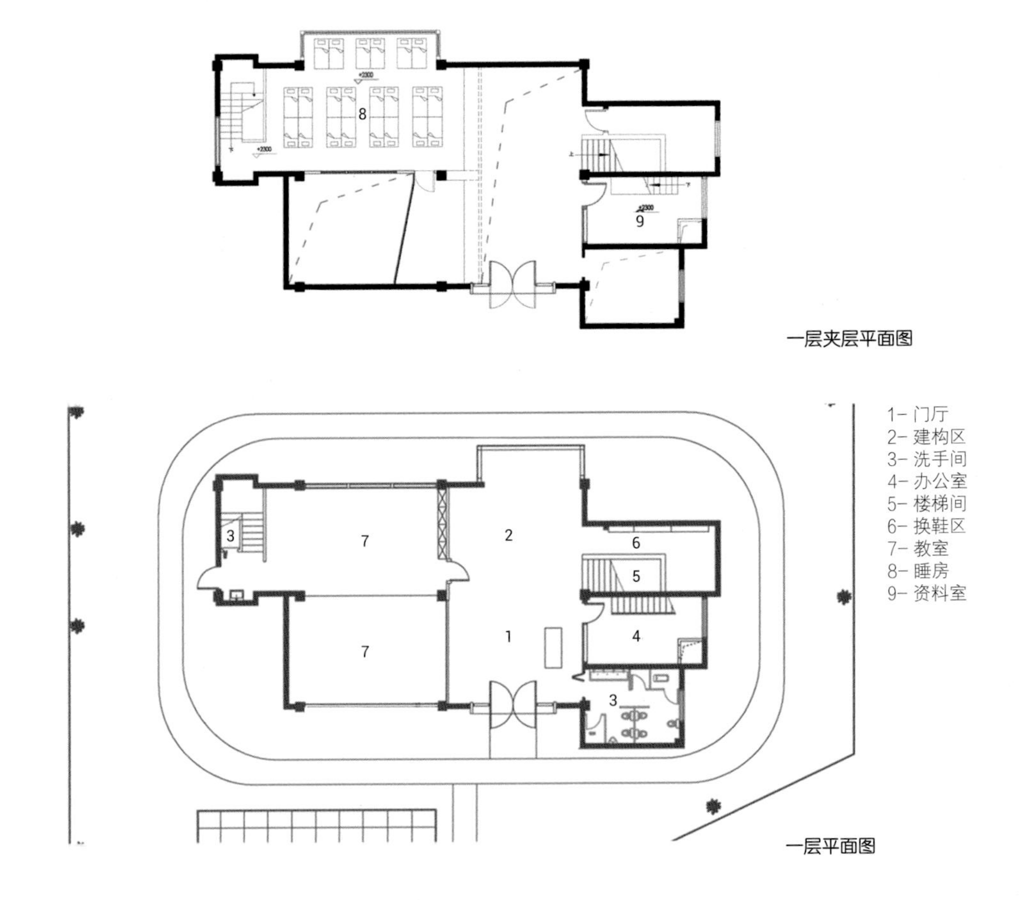

一层夹层平面图

一层平面图

13

14

三层夹层平面图

三层平面图

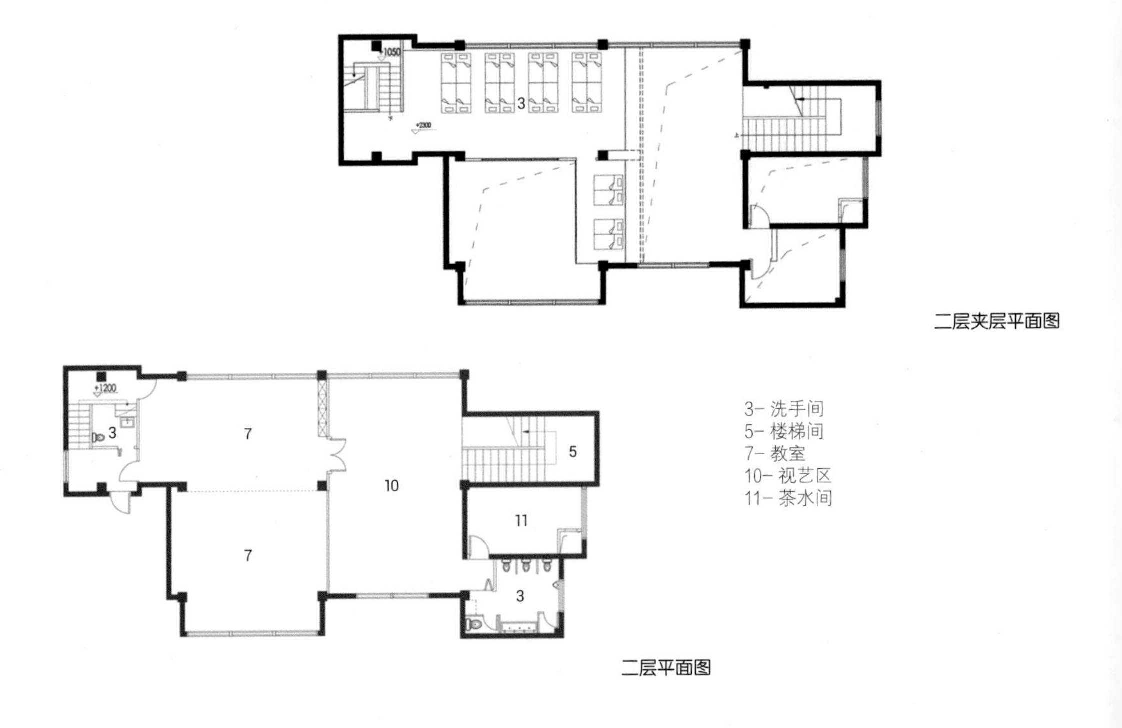

二层夹层平面图

二层平面图

15- 课室

设计师问答

1. 室内主要使用了什么装饰材料，为什么选择这种材料？

室内主要使用的装饰材料包括实木地板、大理石墙面漆、儿童专用运动地胶等。由于是幼儿园项目，因此额外注重装饰材料的环保与安全性，无论是顶棚、墙壁还是地板，均分别符合国家相应的标准，具有防火、防滑且易清洁等特性。实木家具也分别进行了倒圆角处理，以降低发生磕碰时孩子们受伤的概率。

2. 室内主要颜色的选择和搭配，营造了什么样的氛围？

重点是采用了木色及暖白色处理，因为鲸湾幼儿园位于一个环境优美的别墅社区中，所以希望能够尽可能地开敞很多通透的大玻璃，让户外的景色与光线能够与室内空间融为一体，所以在室内的色调处理上，希望尽可能地保持简约干净的效果，呈现出与室外和谐的自然效果。

光墨书院

项目地点
四川省成都市
室外面积
1870m²
室内面积
1983m²
设计公司
CROX 阔合
设计团队
林琮然 / 李本涛
段美晨 / 陆燕娜 / 黄景瑞
摄影
光墨书院 / 李国民

项目背景

光墨书院，一所位于成都经济开发区的幼儿园，旨在教会孩子们通过不同的节气来观察自然的变化，在一草一木、一沙一石中完成自我探索和自在成长，并体悟到生命的美好。为了打造一处融合文化与美学的场所，回到人本去思考教育，光墨书院委托 CROX 阔合针对园区建筑室内外空间进行改造，真正给予孩子们一方可亲近的土地。

建筑原貌及改造主旨

原始建筑本是分为上下两层的办公厂房，如何利用空间保证自我教育的需求成为设计的首要难题。最终 CROX 阔合决定从“圆”的概念出发。圆，代表着自然、和谐与圆满，不同大小的圆弧组合又能为空间增添童真童趣。光墨书院的圆，是圆点也是原点，是圆始也是原始，孩子的未来由此出发，由自然出发，由自我出发。

1~3- 户外活动区

3

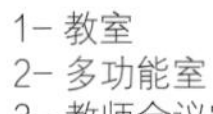

一层平面图

室外活动区域的设计

踏着圆形的汀步迈入光墨书院，孩子们能在遍布青草、阳光、泥土沙石的户外与自然亲密接触，进行各式各样的趣味体验。为孩子们建造的各种游乐设施在功能、大小等方面不尽相同，保证了趣味的多样性，也保证了各个年龄段的孩子都能在此找到新的启发。沙坑、汀步、四季分明的植被给了教育方式多种选择——书院的老师时常带着孩子们亲自动手，玩沙子、捏泥巴、种树、摘果子，亲近自然，释放天性。手洗钵的存在让孩子在玩乐过后养成及时清洁的良好习惯，同时为书院增添了一丝静谧。在这里，四季分明的植物让孩子们直观感受到不同节气来来去去。

4~6- 户外活动区
7- 走廊
8- 半户外活动区

室内设计与改造

在改造前，光墨书院的走廊一直处于封闭状态，切断了人们与季节的交流，设计师用一个又一个的不同大小的圆将外墙打通，阳光、风雨、虫鸣——所有自然的美得以穿越空间，在孩子们自由奔跑的走廊上与他们交谈，给他们启发。随着季节的变化，光影的位置、强度，户外的风景、温度、声音都各不相同，无论在书院的哪一个角落，孩子们都能体会到季节更迭，节气变化，也对耕读文化有了更深的理解。

9、10- 教室
11- 亲子教室

每一间班级教室都配备了餐厅、卧室与洗手间，它们就像孩子的另一个家，在尽情地玩乐过后可以放松小憩。园内设置了多功能教室、亲子手工室、引入户外景观的半户外活动室，无论是举办传统节日庆典，还是为孩子庆祝生日，在光墨书院里都能找到合适的空间。每一个空间都与自然相连通。孩子们推开窗户，手一伸，就能接触到户外的风。而大片的落地玻璃窗又把室外美景和欢乐带入教室，孩子们可以在遮光帘上进行自由创作，启迪心灵，让自然连通想象，将想象留给自然。

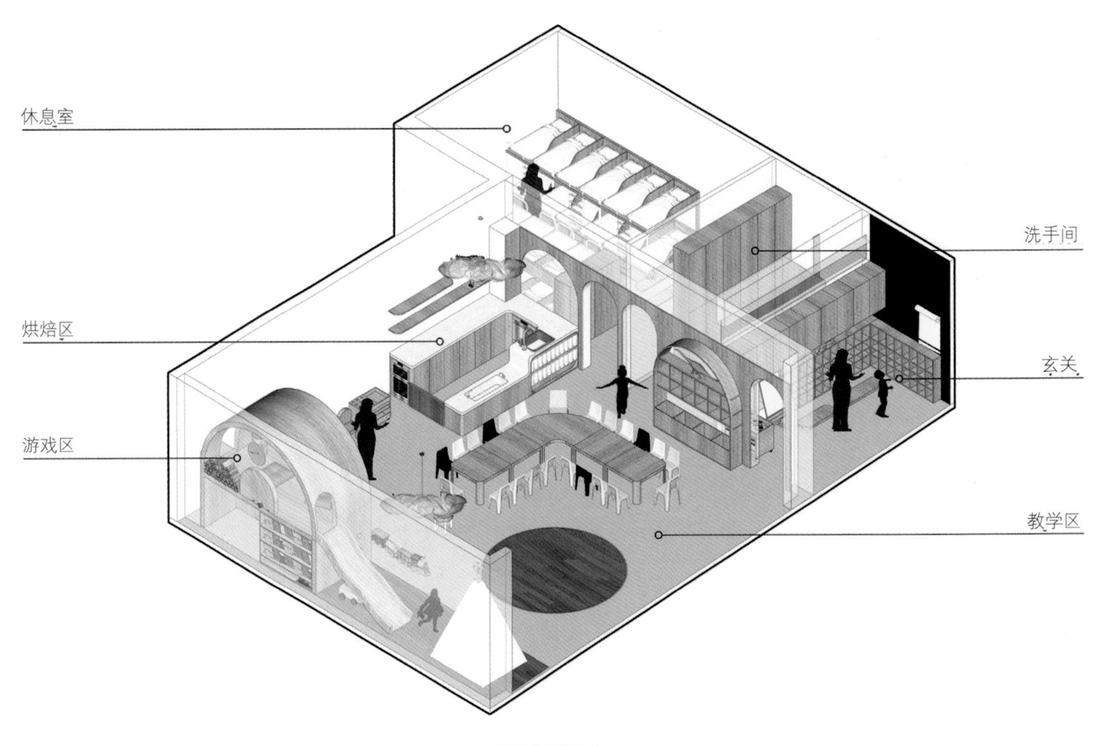

教室轴测分析图

10

11

12- 教室
13- 多功能室
14~16- 户外活动区

1- 教室
7- 医务室
15- 手工制作室

光墨书院的桌椅床铺、室内灯具及其他用具均专为儿童订制。木制家具增强环境对人的亲和力，而倒角与曲线设计、非直射光源的运用，让孩子们在尽情释放天性的同时又能感受到自然的柔软与包容，圆弧的形态也呼应了幼儿园的可爱与童趣。教室的灯光膜像一团轻盈的云朵，发光时如有天光倾泻而下，让孩子们即便在室内也能沐浴到自然的光辉。

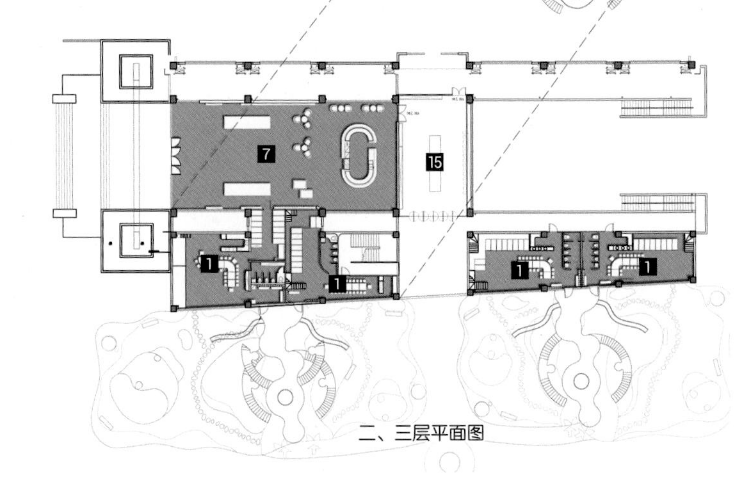

二、三层平面图

CROX 阔合希望借助每一个圆，给每一个孩子一条通往自然与自我的通道。他们不必拘泥于任何框架，大可尽情发展自己的思维，以此培养、激发自主能动性与自我探索，最终回归和谐、回归自然、回归原始、回归圆。

14

15

16

设计师问答

1. 室内主要使用了什么装饰材料，为什么选择这种材料？

室内主要装饰材料及家具都是由实木构成的，环保性能较好。

2. 室内主要颜色的选择和搭配，营造了什么样的氛围？

室内色彩以白色和暖木色为主，突出了自然、温馨、柔和的氛围。

稚荟树幼儿园

项目地点
浙江省台州市黄岩区
场地面积
2890m²
建筑面积
5000m²
室内面积
4700m²
设计公司
门觉建筑
主持设计师
黄满军
设计团队
刘飞 / 任增艳
汪娟 / 丁予然
软装设计
赫婷婷 / 郭情情
摄影
陈铭

设计背景

幼儿园位于台州市黄岩区耀达天玺，服务于周边小区的住户，建筑风貌服从于小区整体设计控制，这类幼儿园在中国近 10 年的房地产高速发展中诞生。同时带来一个问题，普遍都是满足功能性的建筑，无法激发孩子的幻想。建筑大师 Ricardo Legorreta 曾这样说："现代建筑总是过分追求理性，这样会失去神秘感和好奇心带来的愉悦感受。"

建筑的暗示

原建筑是由一栋主楼和辅楼组成，建筑严肃与住宅相似，设计师们希望建筑本身可以激发孩子的想象和自由意识。因建筑整体无法做大动作的调整，通过"插件"的这个设想的动作，来完成整个建筑上的情感暗示。新的插件语言通过控制性的颜色模糊了实体属性，让孩子可以体验建筑本身，同时提示着幼儿园在街道的位置

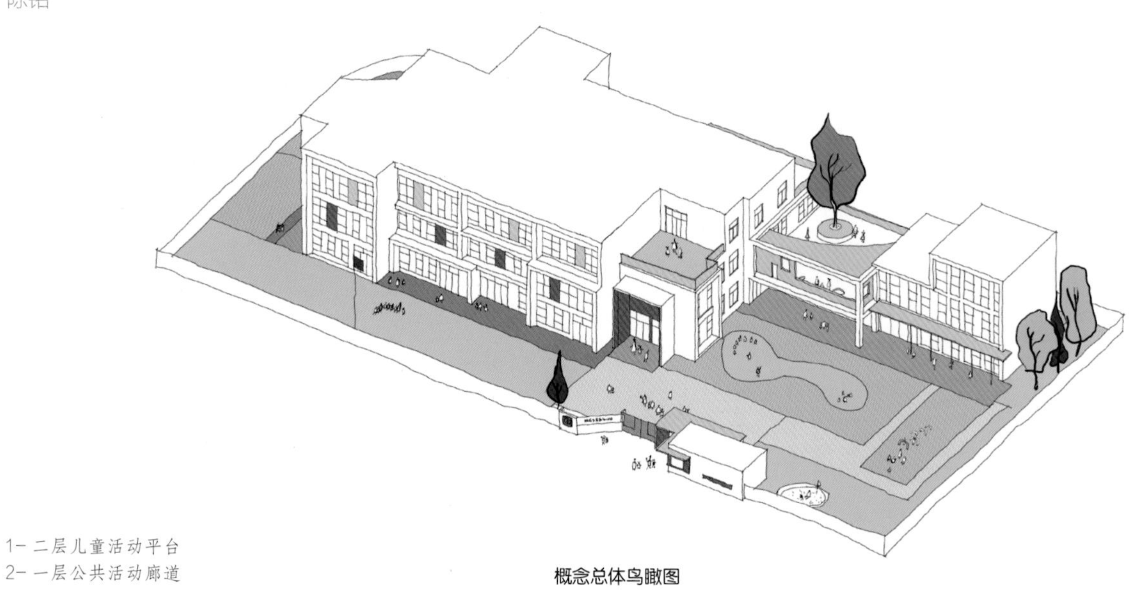

1– 二层儿童活动平台
2– 一层公共活动廊道

概念总体鸟瞰图

2

空间的氛围

建筑原始空间是传统的学校布局，原空间布局已经不能满足现有设计的需求，在这个前提条件下对内部空间的重组给设计师们带来新的机会。设计师们认为儿童空间最重要的就是激发孩子的想象，提供属于一个他们的自由空间。

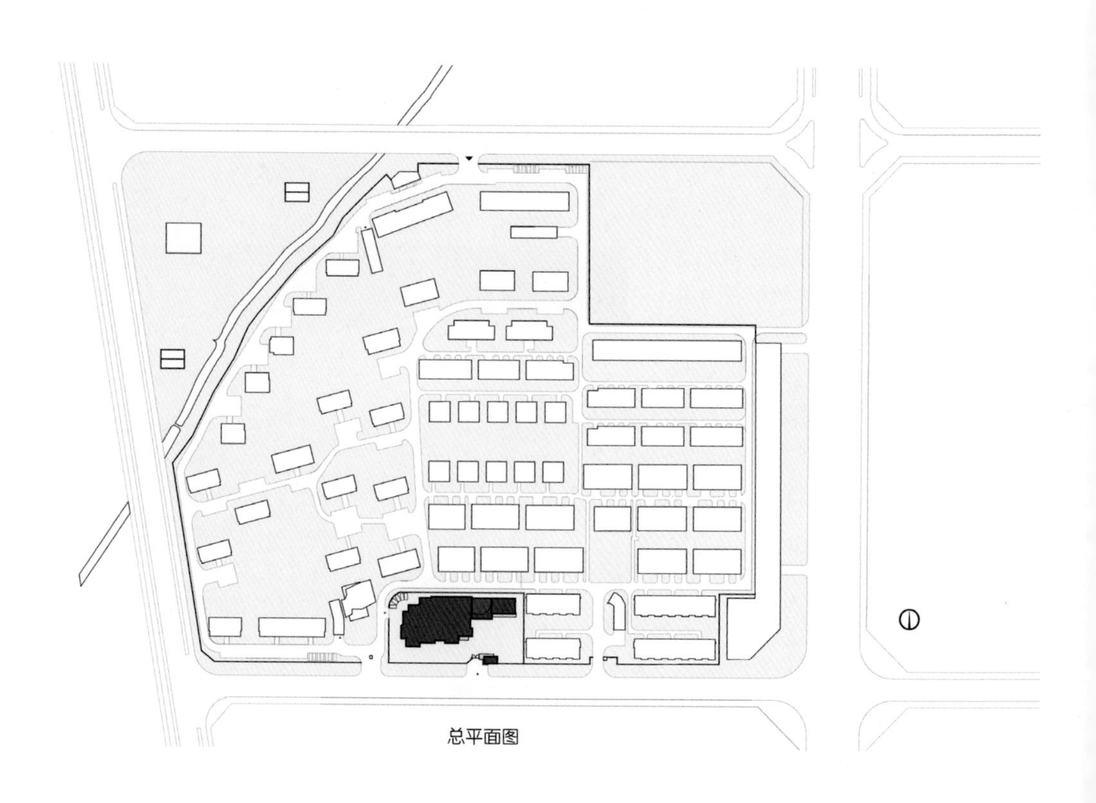

总平面图

3- 三层屋顶活动露台
4- 一层大厅接待区
5- 一层大厅挑空弹网区
6- 一层大厅形象区

开始的想象设计师希望空间是可以被体验的，这种体验的视角是希望激发想象，在内部他们继续用“插件”这个动作，来完成空间的氛围表达。就体验而言，需要一定的能动性，这种能动性转换为空间概念需要建立一种实体感，实体感可以作为被感知的“插件”，一楼到二楼的插件通过弹网与橙色的房子来完成视觉上的感知，孩子们的好奇心驱使着去体验，小心地踩踏着弹网，蹦跳间孩子已经完成了一次探索的体验。

7- 儿童活动空间
8- 柠檬色屋子内部空间
9- 活动教室教学区
10- 走道儿童空间
11- 活动教室

房子内部的窗户是低矮的，以及对孩子友好的尺度感，这种体验给孩子一种拥有感。很多时候的想象力来自于你内心早期埋下的种子，空间就拥有这样的品质，二楼到三楼的插件用垂直实体的盒子和坡屋顶的房子来作为感知物。这里有爬网可以通向三楼的楼面，当孩子鼓起勇气挑战爬到终点时，进入的是一个柠檬色的屋子，屋子的四周光线照射进来，产生的是一种梦幻视觉，是一种唤醒的空间。孩子围绕着房子的四周通过爬梯、滑梯、走道来回奔跑，孩子的内心是一种兴奋和喜欢。这个清晰的空间是设计师有意设计让孩子去体验的，最后效果是被一种克制的色彩感和空间感所呈现出来。

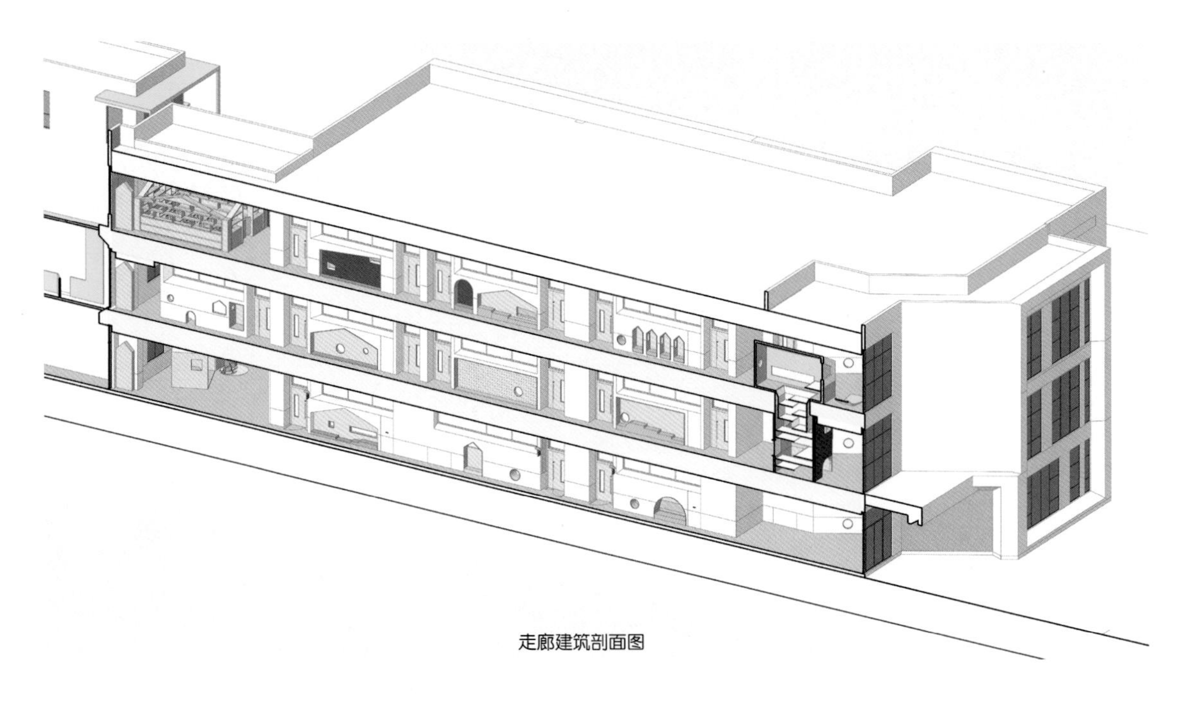

走廊建筑剖面图

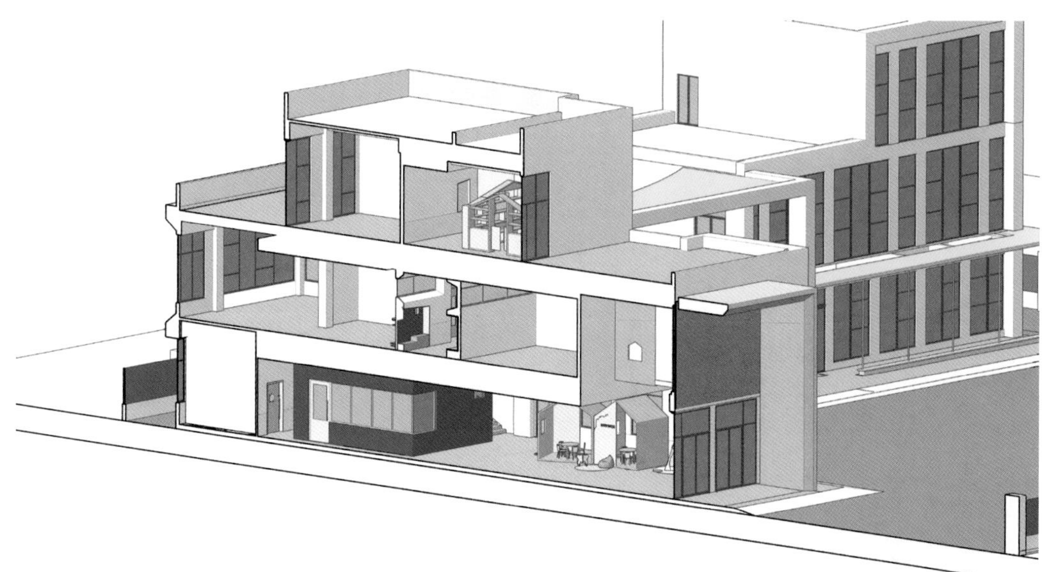

大厅建筑剖面图

所幸的是，他们发现孩子们喜欢一次又一次地去体验空间带来的快乐。为了达到这个目的，设计师们还在每个教室做了一个只适合儿童的空间，而家长是不适合去的。这种空间的氛围是建立在实体空间被确定，可感知的插件带来了体验的能动性，孩子一次次地介入让空间最终得以被体验，拥有儿童空间的氛围。

9

10

11

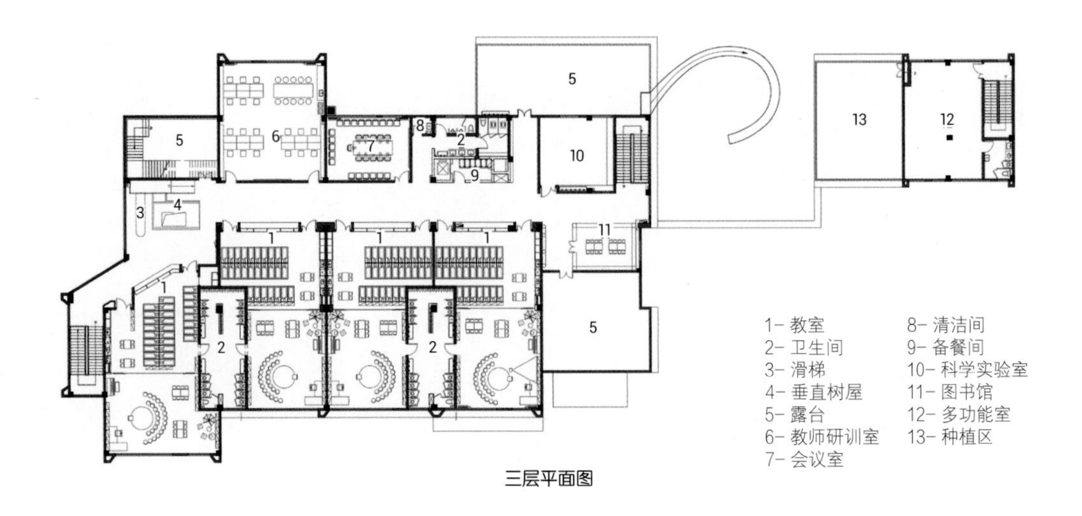

三层平面图

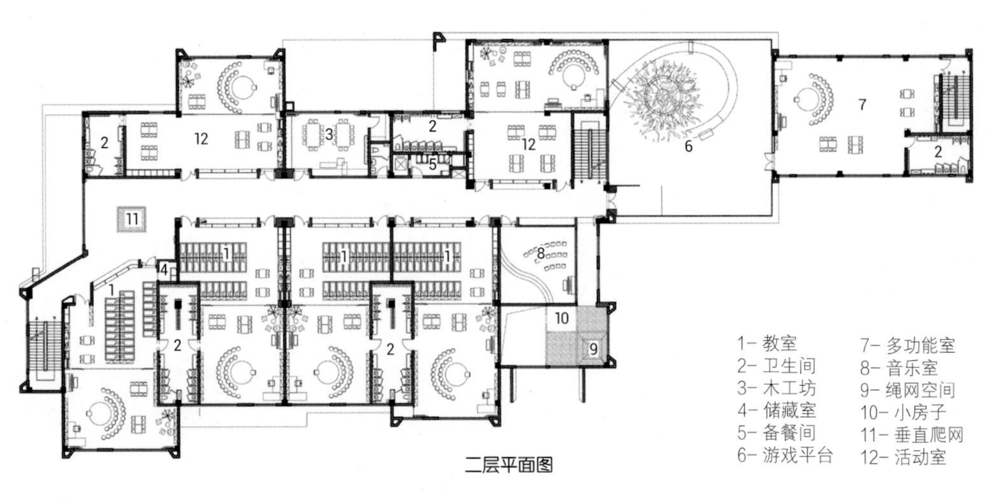

二层平面图

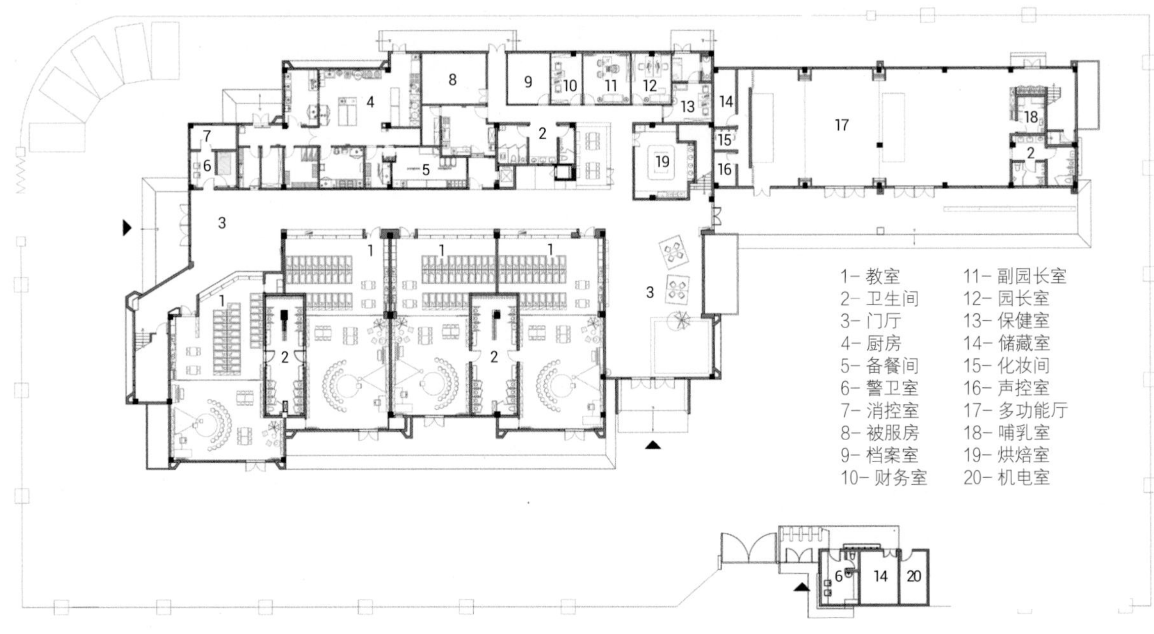

一层平面图

设计师寄语

幼儿园是个人教育开始的基础，进行预备教育的场所空间，是小朋友的快乐天地，可以帮助孩子健康快乐地度过童年时光，不仅学到知识，而且可以从小接触集体生活。作为孩子学习的第一站，设计师们希望孩子在这不仅能够收获知识，更重要的是埋下一颗梦想的种子，激发想象。

12~15- 走道儿童游戏区

设计师问答

1. 室内主要使用了什么装饰材料，为什么选择这种材料？

内部的材料选择，希望整个幼儿园可以有一种自然的呈现，它可以是材料、光线、颜色，选用了来自日本进口的不燃板，来满足木饰面的质感和防火等级的要求。地面的材料是进口的阿姆斯壮的PVC地板，选用这个有两个原因：一是台州地区台风天气多，可以防潮和抑菌。二是对整个设计的控制，PVC地板的颜色和纹理都能满足对地面的一种关照，能看出来整个空间的颜色是很和谐的，颜色虽然很大胆但是很具有美感和惊喜。

2. 室内主要颜色的选择和搭配，营造了什么样的氛围？

色彩作为一种媒介，调和了建筑与外部环境的各种矛盾的因素。在一层挑高的大厅，设计了一个橘红色的盒子，这是属于孩子们的自由的空间，同时激发整个空间的幻想力。在外部用颜色来剥离解放原建筑的形式和材料，在内部空间用极简的形式和色彩与外部融为一体。

义乌蒙特梭利早教中心

项目地点
浙江省义乌市西城路 369 号老开关厂内
场地面积
约 3000m²
景观面积
893m²
建筑面积
1930m²
室内面积
1539m²
设计公司
浙江安道设计股份有限公司（ZAN 工作室）
主持设计师
朱晓飞
设计团队
马晴 / 刘广东 / 吴涵 / 孙怡瑄
摄影
日野摄影

设计背景及挑战

2019 年秋季，擅长为城市和乡村更新注入无限创意的 ZAN 工作室，再次悄然完成了一处改造实践：将浙江义乌某个废弃的茶室和庭院，转变为全新的儿童早教空间，满足 0~6 岁年龄段孩子的使用，弥补城市区域儿童学习空间的不足。

这是一次困难的工作历程，成本之低、空间之局促、场地之封闭、配套设施之不足……这些来自先天的不足，都暗示着把这个项目做成具有示范意义的作品是一项巨大的挑战。ZAN 工作室没有保守地采用简易、经济的实施策略，而是将计就计，用创新的手法完成任务，也唯有如此，方可出现如今这个趣味横生的儿童空间。

正如主持建筑师朱晓飞所言："低成本、小空间，还有场地封闭……都成为改造的难点，但是那一抹斑驳树荫，以及对儿童设施的某种观念上的转变，让我们毅然接下了这个项目。"

1- 建筑外观局部
2- 从操场看建筑
3- 早教中心的入口通过颜色的渐变，打造出梦幻般的氛围体验，激发孩子的丰富想象

设计关键词

幼儿园的山墙上赫然写着三个关键词：独立（Independent），勇敢（Brave），自由（Free）。这些词似乎多么熟悉，也似乎多么陌生，令人陷入深思。在我们的童年记忆中，集体主义、安全防护、遵从规则，这些“正确的”教导伴随了一代人的童年，也在某种程度上限制着有关创意的萌生。于是，这次改造所隐藏其中的一个目的，就是激发原本埋藏在孩童们潜意识里的天性：自我发现、冒险精神、无拘无束。

4- 围墙立面打破了原来茶室的封闭，增强了园区内外的通透感和连接性，也预示着现代教育的开放

5、6- 白墙黛瓦被保留下来，而地面用蓝色的弧形色块分割，空间既具有了传统的韵味，又富有未来感，整个场地仿佛成为一个穿越了时空的巨大玩具

5

6

7- 打通两栋建筑的二层走道，以一条彩虹串连起游戏动线，释放孩子游戏的天性。在追逐中，用稚嫩的脚步丈量彩色的童年

8- 一层中庭改为软质的草地，移去多余的障碍，形成开放的空间

9- 二层平台的墙体进行了半圆的凹处理，以和谐的人性尺度、灵活多变的色彩，为儿童创造具有归属感的游憩空间

从茶室到幼儿园的空间转换要点

21 世纪儿童教育的话语转机，在这个空间里被悄然诉说，娓娓道来。最初的场地由两栋危房和几片空地凑成，多年以前是作为茶室使用。两栋建筑之间的中庭空间狭小、砂石散乱，墙角的泥泞和青苔相浸。两栋旧房之间的空间并不大，而户外空间与中庭相互隔断，没有一个地方能够充分满足孩子的追逐嬉戏。即使把现有的室外场地全部使用，似乎也不尽兴。

茶室意味着某种退休之后的闲暇休憩的静态空间；而幼儿园，则暗示着不断生长的动态环境。在这个矛盾的前提下，ZAN 工作室的建筑师重新梳理了空间的路径，并充分考虑了儿童身体的感知体验：在中庭空间设计了一个开放阶梯，连接起一层开放的绿地空间和二层的环形平台。而在中庭和外部空地之间，一道彩虹门打通内外的活动空间。

这是一个意义深远的设计策略，它直面了场地有限的开放空间和儿童游戏的天性之间的矛盾。恰如在城市中，要想让大多数居民舒适并且拥有足够的空间，“高密度”是唯一的选择。这处幼儿园的设计，也创造出两个不同标高的游戏场地，在极其限制的空间局面内，形成了“一层内外庭院 + 二层开放回路”的复杂格局。

回到室内空间，设计师采用了大面积的落地窗取代传统墙壁，不仅可以有效增加室内的光照，还使室内外空间自然地得到了衔接。室内的家具大多由实木打造，并且对于儿童可触及的桌椅都做了圆角处理。柔和的灯光下，色彩斑斓的儿童座椅，舒适的儿童游戏区，为孩子们的室内活动空间增加了几分舒适感。

多层次、多回路的空间增加了基于儿童行为学特征的探索体验。孩子们嬉戏追逐、欢乐探险，用稚嫩的脚步丈量童年的欢乐时光，在游戏中完成着自己的社会化人格。这些行为本身既是游戏，也是学习，不能用简单的、规则化的空间去草率应对。

10

11

10- 游憩空间细部

11- 孩子们在软质草坪上游玩

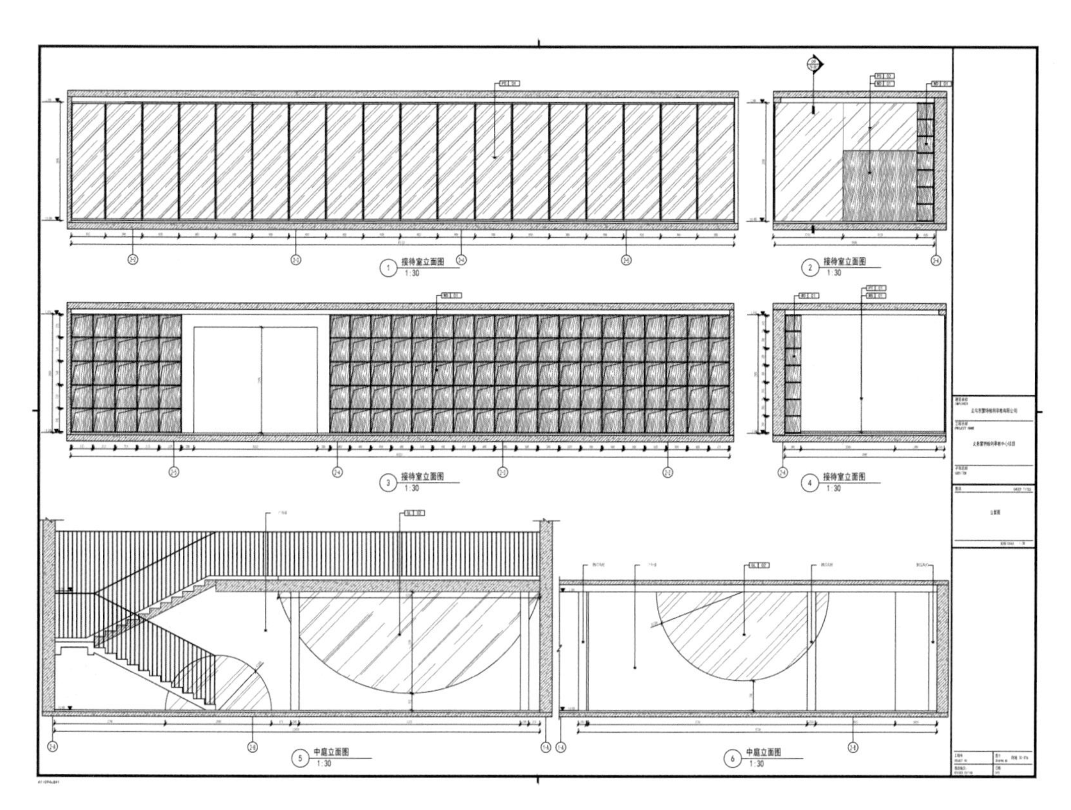

立面装饰施工图 1

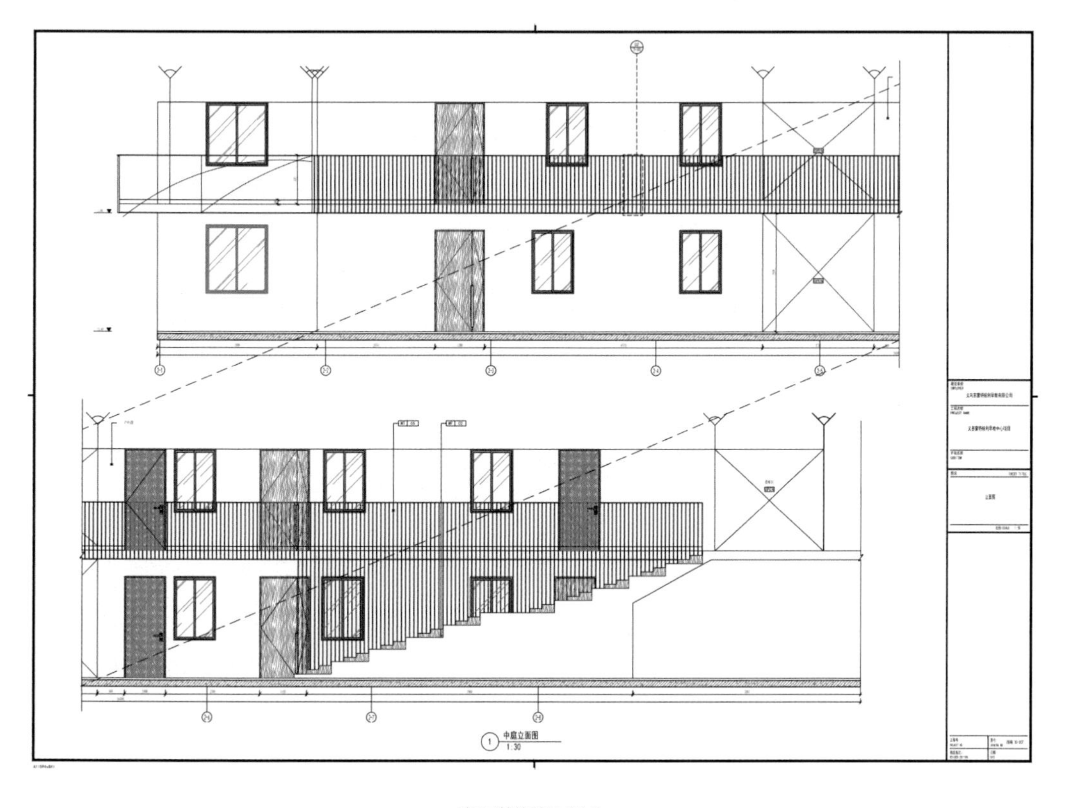

立面装饰施工图 2

12- 接待室采用原木色家具和落地式玻璃门窗，既考虑了常规的休憩功能，又满足日常客户洽谈来访需求

13- 从中庭望向接待室

打造可以让孩子们充分释放天性的建筑

在我国现行的建筑体制内，幼儿园是规范最严格的类型之一，但是在功能、日照、消防等角度给出量化要求的同时，却罕见对真正影响童年生活的天性释放给予充分的考虑。均质的教育模式带来的空间运营雷同和单一，使得过去几十年中的中国童年提早进入效率化和标准化的系统，这样的“普适性”，潜在地制约了中国社会创意文化的发展。如今，回到源头上来思考这个问题：建筑师的存在，代表着另一种生机勃勃的力量，去尝试在规则和自由的边界上不断前行。

从前期的现场勘探，到方案落地，包含着 ZAN 建筑团队里每一个人的辛勤付出。如今，属于 20 世纪的陈旧茶室已剥去了岁月的残壳，蜕变成一个面向 21 世纪的生机勃勃的早教中心、一个盛放童心童趣的容器。当看见孩子们在彩虹里纵情奔跑、步履不停之时，关于中国未来的生命力和想象空间，得到了不容置疑的最新诠释。

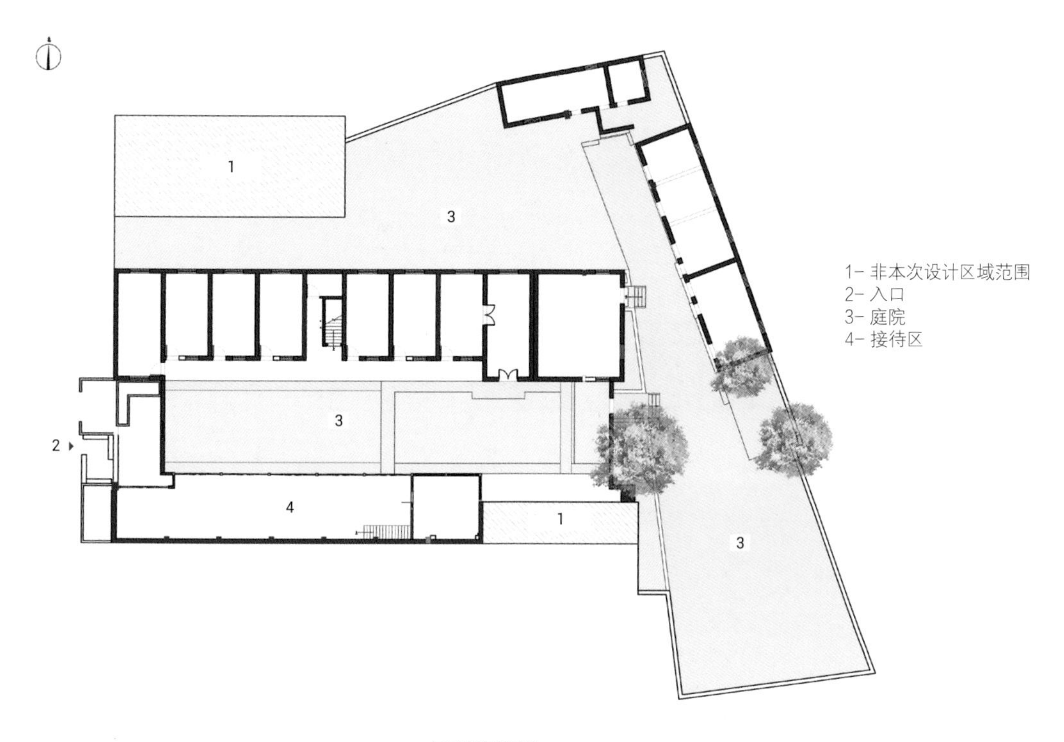

一层原始平面图

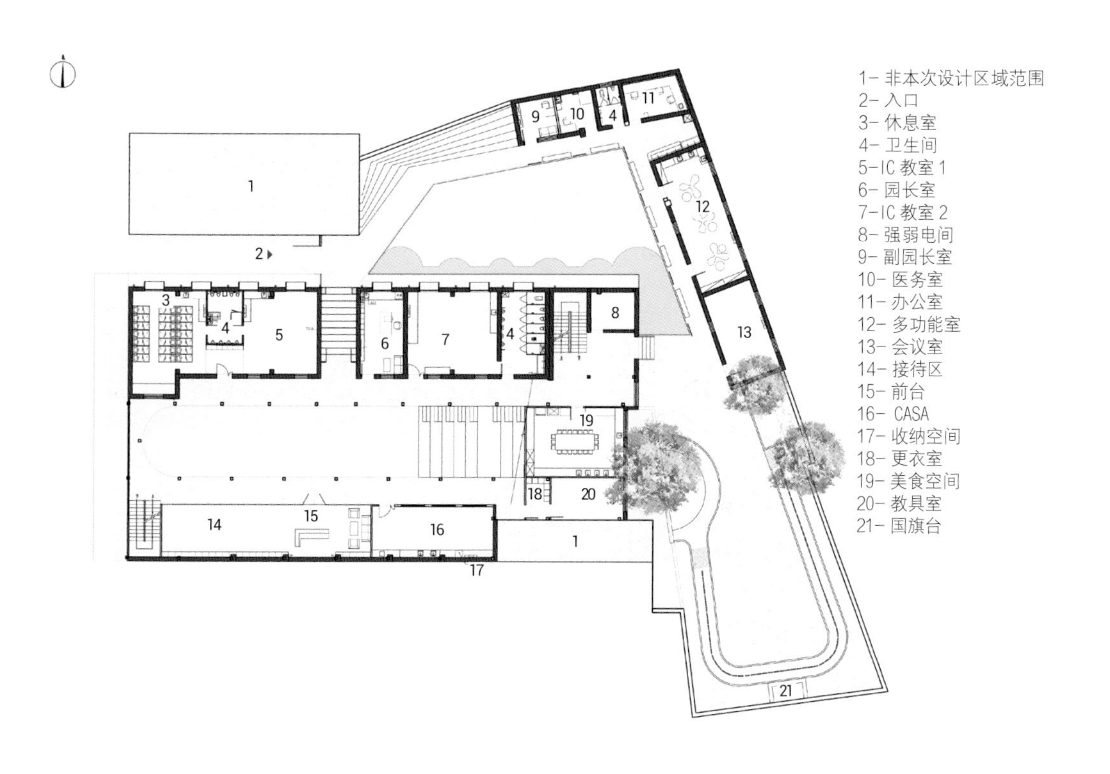

一层平面图

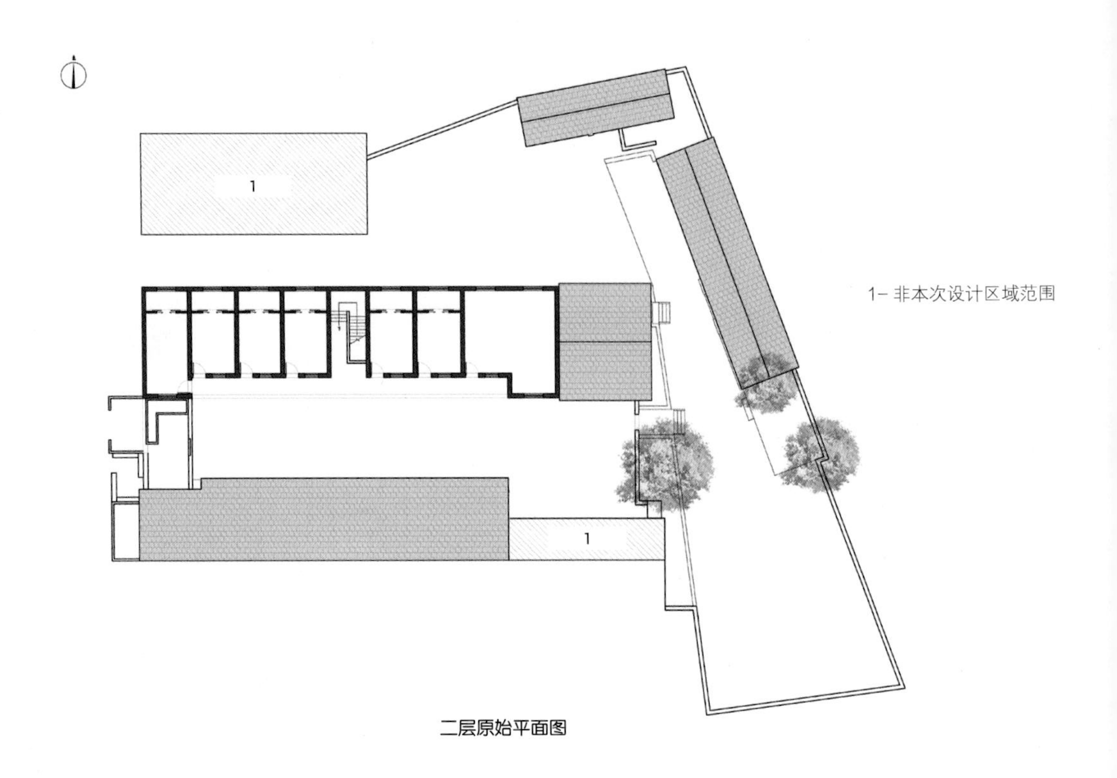

二层原始平面图

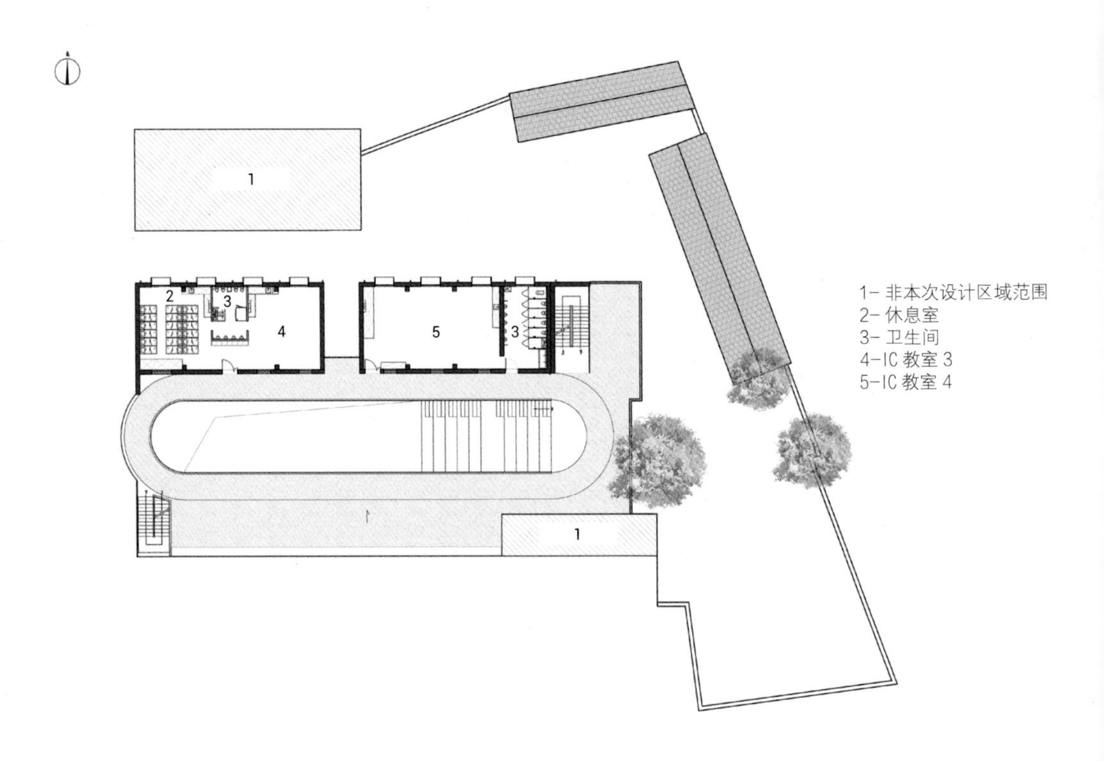

二层平面图

改造后的围墙立面打破了原来茶室的封闭，增强了园区内外的通透感和连接性，也预示着现代儿童教育的开放性。白色的建筑表皮围合着整个庭院，而彩色的窗饰序列性地点缀其间，建筑变成了一个自由而温暖的“家”，让孩子在其中奔走不停。在外部的城市界面，原先的白墙黛瓦被保留下来，精心修复，与游戏场地地面所用蓝色弧形色块分割构成了历史与未来的某种暗喻。

14- 白色包裹着整个建筑，而彩色的窗饰序列性地点缀其间，建筑变成了一个明亮而温暖的“家”，让孩子可以在其中自由飞翔

设计师问答

1. 室内主要使用了什么装饰材料，为什么选择这种材料？

装饰上均采用常规环保材料，主要是将墙面、地面等铺面都保证平整和友好的触感，保证儿童的舒适感和安全。

2. 室内主要颜色的选择和搭配，营造了什么样的氛围？

室内采用原木色地板、彩色家具与顶棚结合白色的墙面，再加上柔和的灯光，为孩子们在室内提供了犹如自然般舒适的活动空间。

上海市市立幼儿园“豌豆屋”

项目地点
上海市徐汇区
建筑面积
120m²
设计公司
力本设计
主持设计师
白鑫 / 李乾
设计团队
何方 / 孙慧芳
李映玫 / 田嘉炜
结构设计
上海都市建筑设计有限公司
照明顾问
杨秀
摄影
董垒

顺应城市发展态势

城市更新正成为城市发展中重要的角色之一。除了社区和商业改造，一些市中心的学校同样面临用地紧张而无法扩展的问题。因此，在土地受限的条件下，如何通过有效改造和利用，拓展校园功能和挖掘更多空间，是值得思考和解决的问题。

校园中的奇异空间

项目位于上海市徐汇区的校园内，基地被围合成一个 L 形 ，南侧、西侧紧贴围墙，与居住区相邻，东侧为幼儿园内部设施，北侧为内部道路。建筑原始功能为校园的废弃洗衣房，项目要求将洗衣房改造成一间供孩子们学习和舞蹈的空间。受一些条件限制，改造建筑的外墙不得突破原有围墙，改造高度不得突破原有的建筑高度，外侧水池假山等设施均需要保留。基地占地面积是 120m²，这是一个典型的“螺蛳壳内做道场”的项目。

1- 基地位置
2- 豌豆屋鸟瞰
3- 豌豆屋屋顶平台

用空间激发兴趣

小孩子乐于奔跑，喜欢探索，在考虑孩子们活动特点的前提下，设计保留了 L 形的围合形式，植入了一个豆荚空间，圆弧形墙壁包裹下的空间可以充分释放出孩子们的活力。豆荚空间给师生提供了多种类型活动的可能，在豆荚空间外的负空间则赋予储藏、更衣盥洗等辅助功能。

西南侧的角落设置了一个庭院，给内部提供良好的通风。与此同时，庭院上方设计了攀爬网，在满足安全防护的条件下给孩子们提供探险的角落。

4- 豌豆屋航拍
5- 豌豆屋基地原状
6- 攀爬网
7- 豌豆屋主入口立面

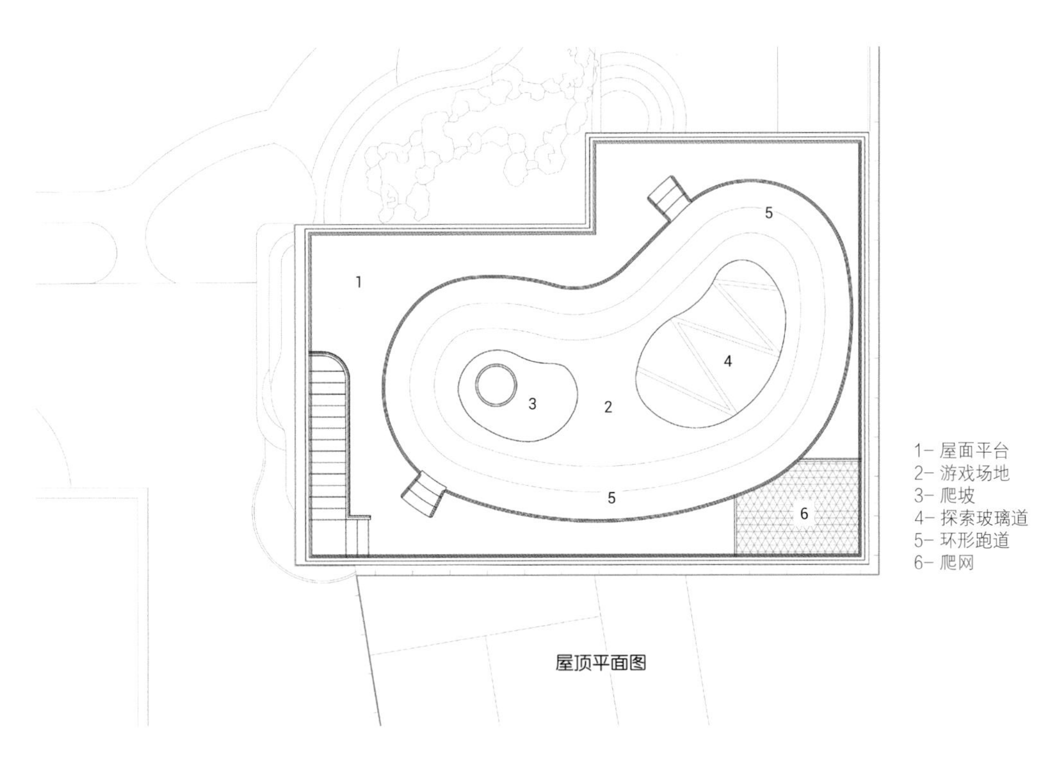

屋顶平面图

7

8- 豌豆屋室内
9- 豆苗镜
10- 豌豆屋室内活动空间
11- 豌豆屋屋顶活动区域
12- 豌豆屋天窗

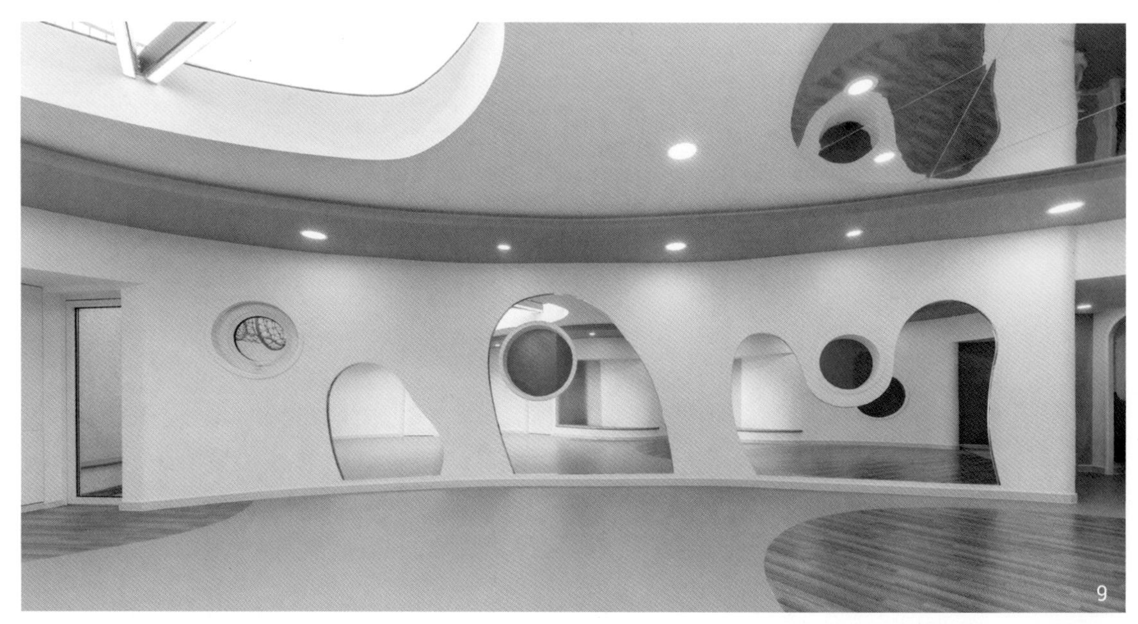

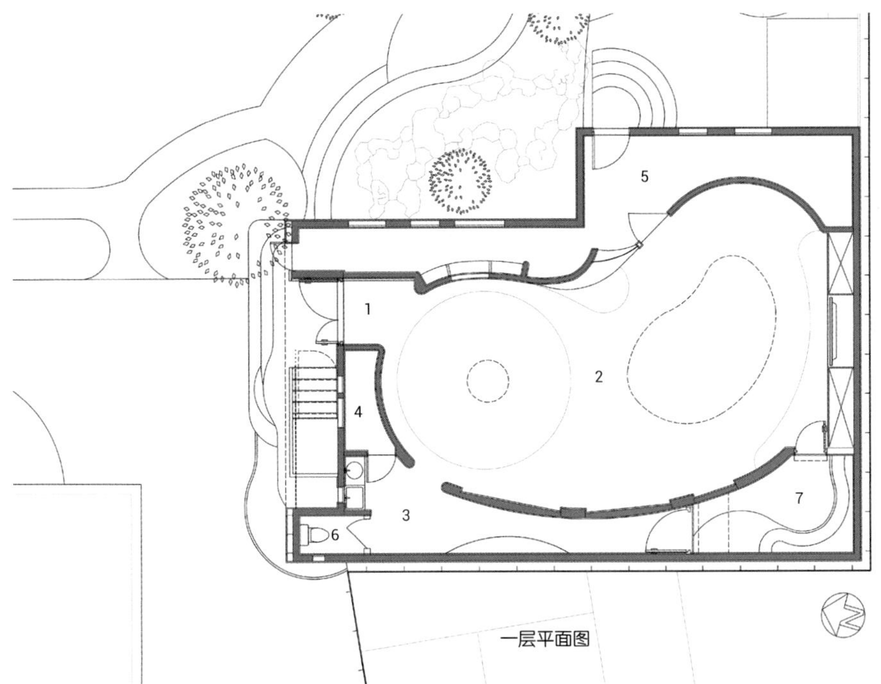

一层平面图

鼓励探索的屋面

屋面延续了豆荚的造型，为孩子们设置了环形屋顶跑道和游戏场地。两个屋顶天窗为豌豆屋提供了足够的采光，圆形天窗设计了小爬坡，豆荚形天窗作为小朋友探索的玻璃道。天窗形成的视线关系让室内外孩子们的对话更为有趣。

建筑在墙面上设置了三扇不同造型的“豆苗镜”，满足舞蹈房的需求。镜子的形状呼应了平面的曲线，镜面反射也放大了空间的尺度。室内通过大小不一的圆洞，以及局部吊顶的镜面反射和圆形的天窗，模糊了室内的边界，增加了空间趣味性。

12

11

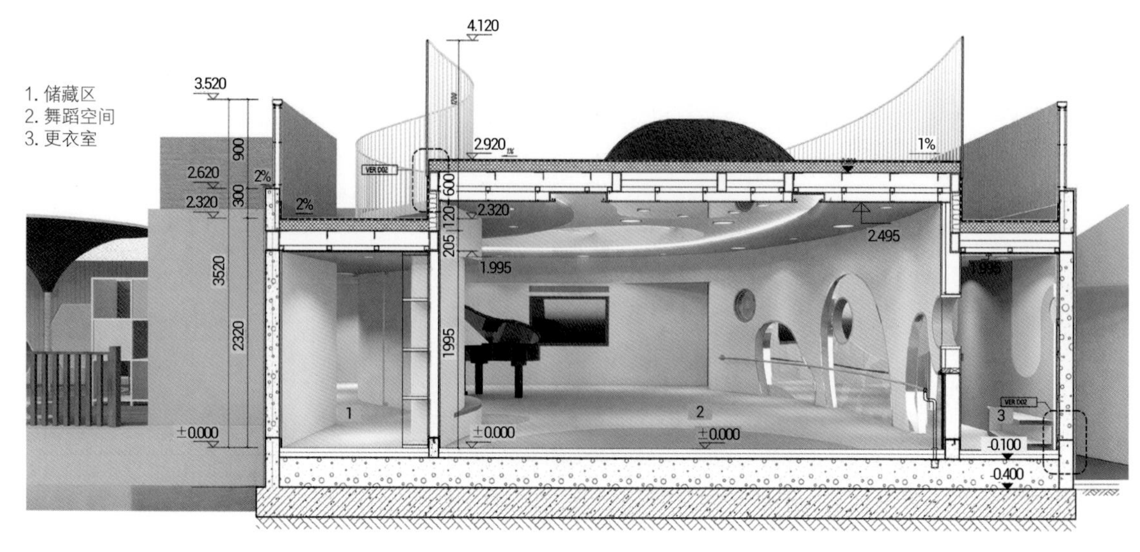
1. 储藏区
2. 舞蹈空间
3. 更衣室

剖面图

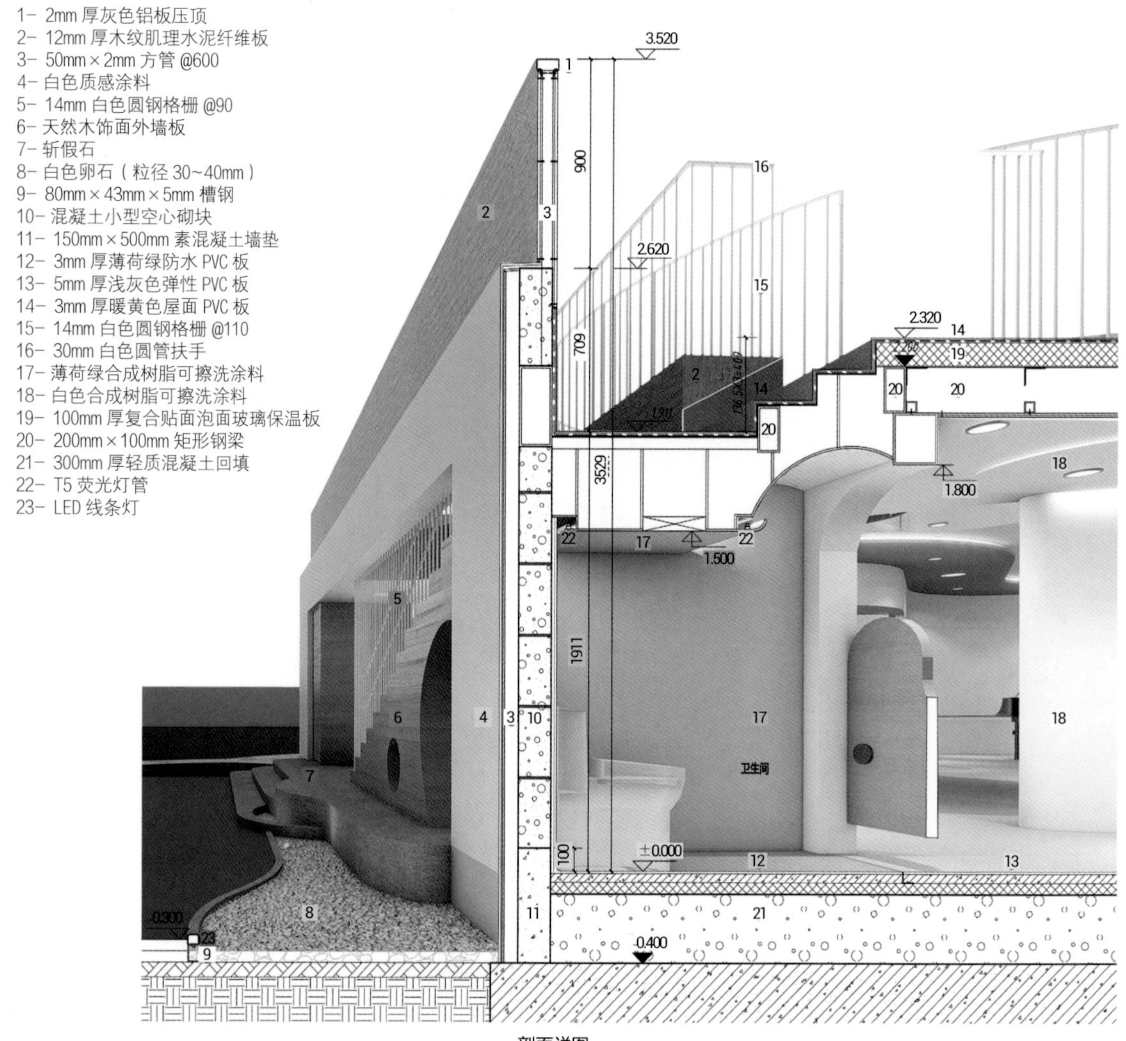
1- 2mm 厚灰色铝板压顶
2- 12mm 厚木纹肌理水泥纤维板
3- 50mm × 2mm 方管 @600
4- 白色质感涂料
5- 14mm 白色圆钢格栅 @90
6- 天然木饰面外墙板
7- 斩假石
8- 白色卵石（粒径 30~40mm）
9- 80mm × 43mm × 5mm 槽钢
10- 混凝土小型空心砌块
11- 150mm × 500mm 素混凝土墙垫
12- 3mm 厚薄荷绿防水 PVC 板
13- 5mm 厚浅灰色弹性 PVC 板
14- 3mm 厚暖黄色屋面 PVC 板
15- 14mm 白色圆钢格栅 @110
16- 30mm 白色圆管扶手
17- 薄荷绿合成树脂可擦洗涂料
18- 白色合成树脂可擦洗涂料
19- 100mm 厚复合贴面泡面玻璃保温板
20- 200mm × 100mm 矩形钢梁
21- 300mm 厚轻质混凝土回填
22- T5 荧光灯管
23- LED 线条灯
卫生间

剖面详图

设计感悟

“蚂蚁虽小，五脏俱全”，在有限的土地范围内，创造出激发孩子无限潜能的学习活动空间，对设计师来说既是挑战，也是使命。“豌豆屋”的建成对设计师来说亦是如此，在如此狭小的空间内完成“改造——保留——创新”的过程，不仅给了孩子们放飞自我的空间，也为城市微更新做出了贡献。

13- 豌豆屋室内

设计师问答

1. 室内主要使用了什么装饰材料，为什么选择这种材料？

地面主要采用 PVC 弹性地胶，方便开展舞蹈等活动。墙面和顶棚主要为墙面漆，均为环保材料。考虑屋面作为儿童的活动空间，屋面材料选用产自日本的室外 PVC 材料，具备一定弹性，适合幼儿活动。

2. 室内主要颜色的选择和搭配，营造了什么样的氛围？

色调上希望保持一个干净的空间界面，因此颜色上注意选用灰白色和木色搭配，营造出温暖舒适的空间效果。

索引 Index